林纳 著

WO ZUIXIANG YAO DE XINGFUSHU

我最想要的幸福书

華中科技大學出版社
Huazhong University of Science & Technology Press

图书在版编目（CIP）数据

我最想要的幸福书 / 林纳 著. —武汉：华中科技大学出版社，2010.12

ISBN 978-7-5609-6653-3

Ⅰ. 我… Ⅱ. 林… Ⅲ. 女性－幸福－通俗读物 Ⅳ. B82-49

中国版本图书馆CIP数据核字（2010）第199187号

我最想要的幸福书　　林纳　著

责任编辑：杜月朋
特约编辑：田　杨
责任校对：刘红强
责任监印：熊庆玉
出版发行：华中科技大学出版社（中国·武汉）
武昌喻家山　邮政编码：430074　电话：027-87556096
010-84533149-8005，8006
印　　刷：北京嘉业印刷厂
开　　本：880mm × 1230mm　1 / 32
印　　张：8
字　　数：120千字
版　　次：2010年12月第1版第1次印刷
定　　价：25.00元

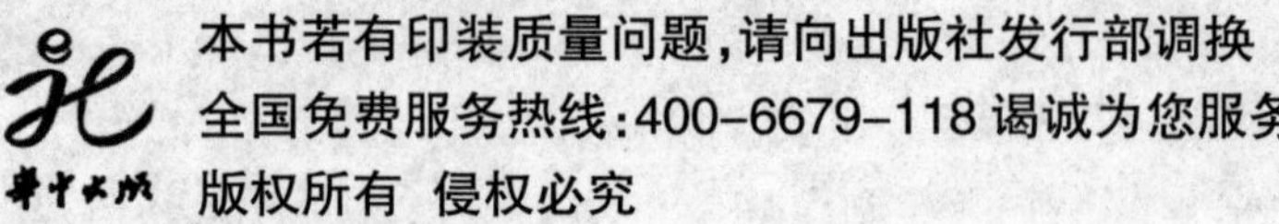

目录

目录

灰姑娘与王子的童话故事，不知道感动了多少女人。白雪公主历经磨难，终于嫁给了王子，过着幸福快乐的生活。可现实中，我们看到的却是妙龄美女嫁给了相貌奇丑、年龄可以做自己父亲的男人她幸福吗？刚刚毕业就做了小三，难道幸福真的只有已婚男人才能带给我们吗？不愿意浪费青春，用姿色去换取物质，能说就不对吗？回首走过的路，好命的女人都是那些相夫教子、安稳生活的女人。当年你抛弃的毛头小子居然是只潜力股，如今事业有成，家庭幸福，怀中抱着可爱的儿子，身边跟着温柔的老婆，你会说今天的你比他更幸福吗？

其实，女人的幸福完全掌握在自己手中，并非是哪个人能给予的。判断一个女人幸福与否，只需要符合两条，一条是“生活的幸福”；另一条是“生命的幸福”。

“生活的幸福”包括女人在一生当中，追求食衣住行、功名富贵的满意程度；“生命的幸福”包涵女人追求平安喜乐、精神充实以及永恒归宿的心理满足。

这两条幸福的线索，维系着女人的一生，缺一不可。如果一个女人的“生活的幸福”之路富足了，而“生命的幸福”之路贫穷，虽然丰衣足食，却不安于心灵的空虚，也就等同于于掉入精神“废墟”的困境。

本书以大多数女人核心的价值追求为出发点，以“幸福”为主轴，告诉那些还在人生幸福道路上徘徊或挣扎的女孩：什么是幸福？如何得到你想要的幸福；如何跳出无奈的困境，追求更深层次的幸福。

同时，书中也对一些女人所遇到的现象进行剖析，如“女人到底为谁而活？幸福到底是什么？”等等，给读者(包括男性读者）奉上简单清晰、通俗易懂以及实用性极强的“幸福宝典”。

希望每个女孩都能把握住自己的幸福，不要被“看似很美”的虚假幸福所迷惑或误导，落得个身体穿戴“珠光宝石”、精神装载“残腐垃圾”的境地。唯有生活与生命双幸福，才是真正的幸福！

第1章

敲开幸福之门

如果刻意去寻找优秀的对方，到头来可能一无所获；女人只有在了解自己属于哪种类型的人，到底想要一种什么样的生活后，才能找到适合自己的另一半，获得一生的幸福！

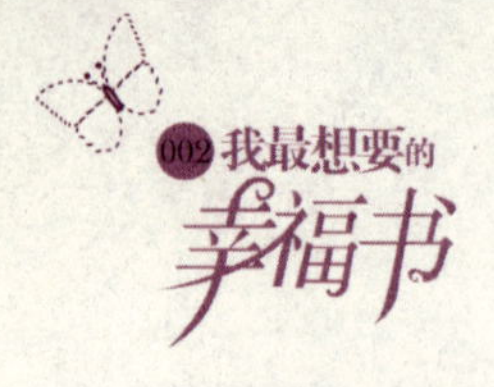

part 1

女人应该嫁给谁，才能幸福

寻找恋爱对象或走进婚姻，不是到超市里购物，可以不断挑选，筛选出自己最满意的。对于女人来说，恋爱更多是一种情感的诉求。很多人都感慨，当初不懂恋爱的时候恋爱了，如今懂了，却没有机会再恋爱了。人生就是这样，好比一张单程的车票，谁也不可能预测未来发生的事，即使嫁入豪门，也不敢说自己掉进了蜜罐子……

豪门深闺，真的适合你吗

嫁入豪门，是大多数女孩的梦想，王子和灰姑娘的童话代代流传，《如何嫁个千万富翁》这种看似不靠谱的书却是前所未有的畅销，嫁入豪门有什么好处呢？无非就是希望自己也像灰姑娘那样，从此华衣美食，过着奢华富贵的生活。

所以，很多白领丽人或女大学生，为了让有钱有势的富二代们看上自己，极尽所能地自我包装，努力改变自己，想方设法进入一些会所、场馆，期望与豪门子弟亲密接触，甚至不惜未婚先孕，实现自己嫁入豪门的梦想。

的确，有些年轻美貌的女孩看似“成功”了，出嫁时浩浩荡荡的车队，上百万的婚纱，成千万的彩礼，确实风光一

时，可是，随着时间的推移，并非每个人都会将这风光延续一辈子。有人很快成为怨妇，有人闹出婆媳不和，更有甚者传出第三者插足，东宫地位不保。难道就没有成功的例子吗，难道灰姑娘就永远只能是童话吗？当然不是。唯独有一点可以肯定，如果你是一个浮躁的人，如果你没有足够的心机，如果你没有能证明自身价值的东西，你就不会在豪门生存下去，就别提幸福二字了。当然，如果你想要的只是物质的生活，灵魂的孤单对你而言无所谓的话，你至少也要有个争气的肚子，保住你不可动摇的第一夫人的位置。

我们不妨来看看一些女明星女艺人的豪门生活吧，全世界的女艺人都有豪门情结，事实证明，很多嫁入豪门的女艺人并不幸福，她们当中大多数都以离婚告终，演绎了一出出的悲剧，不仅婆婆不喜欢，和老公的关系也日渐疏远，眼看一个玫瑰色的少女之梦变成一场梦魇。可有的女星在嫁入豪门后，婆婆喜欢，家人也跟着一跃进入富人的行列，老公不仅十分疼爱，还将自己名下的财产过户到她的名下。同样的女明星，为什么差距竟会如此之大呢？

很多女人嫁给富豪后，不是没有幸福过，她们也曾经幸福过，但这种幸福并不是建立在爱的基础上。短暂的激情过后一切就都恢复了平静，奢华背后的平静终究会让人崩溃。

当然，每段婚姻宣判“破产”，都有自己的“不幸”。在婚姻中得不到起码的尊重，是婚前的爱与幸福迅速转为恨与

不幸的前提，也最终埋葬了婚姻，埋葬了幸福。

有些女孩会这样想：忍吧，为什么要离婚，没有爱不会死，没有钱却万万不行。如果婚姻不以爱为基础，不用顾及双方的内心感受，纯粹用金钱来衡量“幸福”，与整天跟一堆金子过日子没两样，哪一个女人会愿意过这样的生活呢？对于女人来说，情感的需求永远要大于物质的需求。

曾经有一个女孩说过：宁可坐在宝马里哭，也不愿意坐在自行车后面笑。这种女人不是没有，那是因为她没有经历过华衣美食的生活，只有过看似平凡的爱情。如果要我选择，我宁愿选择两个人一起奋斗的生活，至少你不会背着LV包风光地走在大街上，但回家还要琢磨怎么张口朝这个男人要生活费；至少我的贫穷男友会将他每个月的收入全权交给我管理。两个人是平等的、相爱的，这就是幸福的。而做男人养的金丝雀，自由和金钱都不独，立这怎么可能让女人幸福呢？

我们不否认，婚姻固然需要经济基础，但是，当你满足了挥霍的虚荣心之后，你最想要的是什么？

这时候，你最想要的，恐怕不是金钱，也不是一串昂贵的项链，而是爱、尊重、关怀、赞美和一份温馨……豪门深处那种苛刻的规矩，勾心斗角，不是每个女人都能承受的，如果你天生好斗，足智多谋，豪门倒是个很适合你发展的地方。

所以，在你挤破了头想要嫁入豪门之前，最好先问问自己，真正最想要的是什么？在你眼里幸福是什么？

幸福女人为爱结婚

结婚，当然是为了寻找美满的幸福。如果婚姻不幸福，宁可选择单身。如今的剩女那么多，她们不应该受到社会的嘲讽，我们羡慕她们的勇气，寻找爱情，寻找幸福，决不妥协。

对婚姻而言，你是嫁给一个家族，一个具体的男人，如果这个人不适合你，不能给你最想要的，那么，即使他是千万富翁，这样的婚姻也不会有长久的幸福。

所以，在你打算恋爱或结婚之前，一定要想想清楚，自己属于哪种类型的人，到底最想要的是什么，这个男人是否能满足你这些。比如说，如果你是一个浪漫的人，你一定希望你的另一半是一个充满激情的男人，浪漫贴心，风度翩翩；如果你是一个与世无争的人，想过平稳的日子，你一定会希望另一半是一个老老实实、懂得过日子的男人；如果你有泛滥的母爱，你会希望对方充满情趣、天真活泼、积极乐观；如果你害怕漂泊的生活，你会希望找一个成熟稳重、精打细算的男人。

婚姻是最不可琢磨的东西，两个互不相识的人组成了一

个家庭，是缘分还是上天已经注定的。幸福或者不幸，是听天由命，还是我的幸福我做主，对于女人的确是一个考验。

有很多女人在结婚后都放弃了自己的事业，成为老公的贤内助，在家安心相夫教子。这种平静的生活，曾经是一代女孩梦寐以求的理想婚姻。但是，事实告诉我们，要想真正在婚姻中受到重视，就一定要有自己的舞台。

现在很多女人十分聪明，在结婚之前，她知道自己想要什么，所以她们会选择适合自己的结婚对象。如果你想经商，肯定不会找一个农民；如果你想继续自己的事业，就不会找一个想要全职太太的男人，那婚姻开始就会存在矛盾，其后的不和谐更是会影响彼此的幸福感。

但是，也有很多女人因为不知道自己想要什么，或者因为不会经营，而导致了婚姻的失败。但即使是一段失败的婚姻，也会有美满的时候。因为你的另一半一定曾经满足了你最想要的，只是事过境迁，而且女人最想要的东西似乎永远在变。在得不到满足，你又不能向生活妥协的时候，痛苦就来了，争吵、不满接踵而至，走向离婚便是迟早的事了。

其实，任何一场婚姻都不是根据你们两个人事先打造的，这就需要大家按自己的身材量体裁衣。幸福与不幸冷暖自知，不要羡慕别人的另一半，也不要妒忌别人的幸福，在爱的基础上，选择最适合你的另一半。这个世界没有完美的婚姻神话，只有老老实实面对真实的自己，面对自己的另一

半，学习生活，共同成长，婚姻才能在漫长的柴米油盐中经过岁月的煎熬，慢慢散发出属于自己的味道来。

再怕痛的"肋骨"也要独立

老一辈的说法，"嫁汉嫁汉，穿衣吃饭。"很多女人有了这个依据，再加上中国几千年来男主外，女主内的传统思想，很自然地就把老公当成自己的长期免费饭票，尤其在嫁了个家境殷厚点的男人后。这种想法非常危险。

一个女人可以不用赚很多钱，但必须能够自食其力，一旦经济上完全依赖老公，原本幸福的婚姻生活就容易变味，老公对你的态度也会发生180度的转变。

如果你有自己的事业，具有养活自己和家人的经济能力，在家庭问题上，你就有话语权，不被老公的家人或亲朋好友看低。即使老公有外遇，你也敢跟老公叫板，不至于因为担心以后的生活连粗气都不敢喘一口。

有一个女孩，在深圳某外企工作，长得文雅漂亮，月薪3万多。后来，她认识一个香港老板，鲜花、"保时捷"跑车、高档餐厅、钻石珠宝，很快就俘虏了女孩的心，恋爱不到半年，两人就结婚了。家安在深圳，婚后生活还算美满幸福，孩子出生后，她辞职在家做全职太太，因为衣食无忧，她不再像原来那样充满活力，整天除了打麻将，就是吃吃喝

喝，没钱向老公伸手，这样的日子在不知不觉中浑浑噩噩过了3年。有一天，她突然发觉丈夫有外遇了，这是她不能容忍的，家里失去了以往的和谐与宁静。只要老公一回家，她就开始吵闹。她觉得自己什么都没有了，为了这个家付出了青春，然而却遭到了背叛。她的老公本来心里还有些内疚，但是看着她每天无所事事，只知道打麻将，天天家长里短，根本完全失去了从前的精明和干练，整个一个家庭妇女，早都感觉厌烦了，后来干脆搬到情人那里去住了。

婚姻走到这个地步，女人还能怨谁？哭泣、悲伤、生气、吵闹，似乎都无济于事。此时，你已没有经济来源，已和社会脱轨，男人觉得与你没有共同的话题，乏味了，没有生活激情，才会冲出家庭，寻找刺激。

如果你婚后出来工作，就有独立的经济收入，在家庭中就有地位，在社会上有自己的社交圈，这样才不会迷失自己，失去以往的魅力。

即使选择做全职太太，也要让老公明白，在家里相夫教子，也是一种职业，是一份辛苦的工作，每月要从老公那里名正言顺地领取薪水。哪怕有一天被老公抛弃，也不会因为没有积蓄或失去经济来源而苦恼。

当然，作为女人，到底是以工作为重还是以家庭为重，不能一概而论，这得因人而异，视家庭的实际情况而定。

总之，要想维护好婚姻，让它不变味，你须让自己做一个经济相对独立的女人，这样，你才活得舒坦，活得洒脱！否则，你的婚姻生活会很不幸，即使老公不会看低你，恐怕你自己也会整日忐忑不安，难保以后的婚姻生活不会就此拉上帷幕。

女人做投资家，不做实干家

在男人眼里，女人漂亮的脸蛋只是一种审美需要，不是爱情与婚姻的最高砝码。他们更看重女人的品格。换言之，男人都是很虚伪的动物，尽管很多男人嘴上说不喜欢自己的老婆出去工作，可是他们对于那种在职场上精明干练的女人又很难有自制力。

但令人不解的是，为什么有那么多事业成功的女士，她们的婚姻总是以失败告终或步入剩女的行列呢？

男人与生俱来有一种优越感，即使压根儿没什么大本事，也希望在自己的女人面前保持高大的形象。当一个女人处处炫耀自己比男友或老公如何如何能干，说得起劲时还得意忘形，这让男人的脸往哪儿搁？男人没了面子，后果也很严重。而这正是一个事业有成的女人很容易忽略的地方。

所以，大多数男人宁愿娶一个以家庭为重，事业心不是很强的女人。夫唱妻和，不管男人做什么，都希望女人默默支持他，甚至站出来公开支持他。

总之，男人既希望女人有修养、有品位，又不想女人有太强的事业心。事实证明这种组合的家庭恰恰是幸福指数最高的。

有很多男人总想等事业有成后再解决自己的婚姻问题。这个时候如果你嫁给他了，即使是因为爱情，他也会想，如果没有今天的物质基础你会不会嫁给他。女人是感性的动物，即使嫁给一个不爱的人，她也会被天长地久滋润的爱打动，爱上身边的这个男人。男人可不一样，男人本身是多疑的，是相当理性的。因此，不要因为贪图享受而嫁给一个已经功成名就的男人，即使大家都会认为你嫁的好，但是这其中的隐患会在日后的生活中逐渐暴露出来。

所以，不如嫁一个和自己门当户对、条件相当的男人，但他一定要有成为潜力股的能力和潜质。每个男人都有一本心酸的创业史。在这个过程中，他会遭遇不理解、被抛弃甚至负债累累，而这又是他最需要安慰的时候。如果这个时候陪在他身边的是你，那么将来成功的日子，你的地位显然就会更稳定，甚至可以说是坚不可摧。不要以为男人都是喜新厌旧的，他们只是眼色很少心色。哪个男人不想拥有自己温馨的家、温柔的老婆和可爱的孩子？

不要只看眼前的利益，成为一个男人不可缺少的女人要比坐享其成一个男人已经拥有的东西更超值。

所以，对女人来说，重要的不是选择一个有钱的人你就幸福了，那样的你任何一个人都可以替代。如果你陪着一个男人走过风雨，走过最艰难的日子，那些是你们共同拥有的，谁也抢不走。即使他没有成功，这样的感情也是一辈子的。你愿意用物质来换这样一辈子的感情吗，对于女人来说，幸福的婚姻比丰厚物质的婚姻更重要。

有人说，男人30岁之前是“期货”，40岁之前是“俏货”，50岁之前是“抢手货”。不要怕嫁给一个“期货”。要知道买“抢手货”需付出昂贵的代价，“期货”才最值得你投资，当然，这需要你慧眼识人。此招也不失为把握幸福的决策之一。

如果你嫁的是“期货”，将来你老公成功了，对你而言，和他共同走过从“期货”到“抢手货”的过程，你们的感情坚不可摧，无论将来发生什么事情和变动，你老公也不会轻易离开你或放弃这个家庭，至少他会在心里衡量你的分量，是否值得他放弃这个风雨同舟的人，去找另一个没有任何贡献的人分享他的成功。

part 2
幸福和不幸只有一步之遥

幸福的女人总是相似的——有一个美满的家庭，体贴、宽容的老公；获得父母、亲朋好友的尊重、关怀与爱护，与

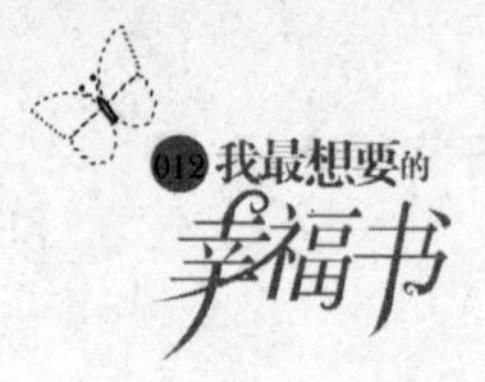

同事、朋友一起成长，分享快乐；同时，也关爱体贴他人，善解人意……

不幸的女人则各有各的不幸。她们的不幸，不是上天的“安排”，而是个性的使然，是自己制造出来的，有根可寻。

一段不幸的婚姻，男人有责任，女人也有责任，当婚姻麻烦不断，女人不妨静下心来，想一想问题到底出在谁的身上，是不是不可调节的矛盾。

野蛮女友吓跑真命天子

在马路上骂街的女人、蛮不讲理的女人、粗俗的女人、撒野的女人……这类女人经常动不动发脾气，恶语伤人，在男人眼里，这种女人缺少教养，欠缺温情，简直就是野蛮之女，是泼妇！

对于野蛮女友，或野蛮老婆，今天似乎有点盛行，如《我的野蛮女友》这部韩剧，颇有赞美之意，是女人的这股野蛮之风，表面上看似流行，而实际上，温柔才是男人最大的克星，是女人最有效的杀手锏！

野蛮的女人就是大女人，在她眼里，男人什么都不是，她希望自己是个骄傲的光芒四射的女王，希望男人对她百依百顺、做蜜蜂做蚂蚁取悦于她，可世界上又有哪个男人愿意担当这样“窝囊”的角色呢？

野蛮女人的另一种表现就是惯性的歇斯底里，由于过度的情绪化，性格极度不稳定，男人每天不得不小心翼翼陪笑脸，不得有丝毫的差错，否则，不晓得什么时候会引来狂风暴雨般的指责，如果她稍有一点吃亏，一哭、二闹、三上吊是免不了的。

在男人眼里，野蛮与愚蠢几乎划上等号，但凡事都要一分为二地看。对于自己的老公，你要温柔对待。因为没有哪个男人喜欢自己的老婆对自己大吼大叫，尤其是很多傻傻的女人只会和老公野蛮，老公稍微有一点不顺着她的心思，吵架就开始了，她先把老公抓个大花脸，再哭天喊地，好像全世界的人都在欺负她，显得很委屈的样子；如果男人真的做了对不起她的事情，她绝对会把老公的衣服撕烂，然后把自己糟蹋得伤痕累累，跑到大街上向全世界的人哭诉她被男人辜负了。尽管她有可能得到大家的同情，但是却再也别想把老公挽回了。当然，女人能够歇斯底里地发脾气，和男人也有很大关系，什么样的男人造就什么样的女人，为什么有的男人都会说自己的老婆，你以前不是这样的。的确，男人以前也不是这样的。所以女人，发脾气很容易老，即使很爱，也不要这么做，没有哪个人值得你用健康和形象来换取。

但更没有哪个男人愿意自己的老婆走到哪里都被别人欺负。所以在这个欺负老实人的社会上，女人的野蛮还真不可少，否则你不是成为公司里被欺负的老好人就是在公车上被

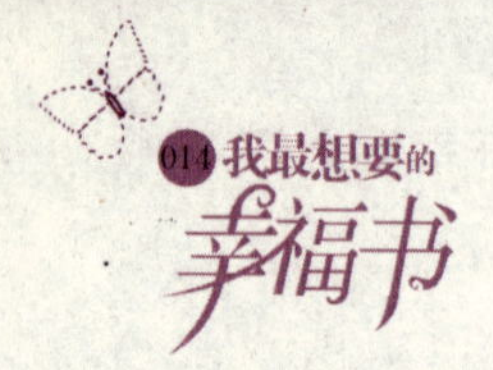

色狼占便宜的乖乖小美眉。然而，你是不是曾经在口出脏话之后发现身边的帅哥正在用异样的眼光看着你；你是不是曾经后悔管不住自己这张嘴。

其实，很多野蛮女孩却很可爱，像《我的野蛮女友》里的女孩，她的野蛮也是有原因的。比如她会很“野蛮”地让年轻人站起来让座。我认识的一个女孩，性格很豪爽，在外面没人敢欺负她，尽管大家会开玩笑地说她太爱打架，但是更多的是羡慕那种性格。在公车上色狼不敢欺负她，在商店里店员不敢怠慢她，但在公司里同事关系融洽，客户每个人都很喜欢她。此野蛮非彼野蛮也。而且回到家里，女孩对自己的男朋友十分宽容，容忍男孩子的小脾气，容忍男孩子对她稍微有一点强的占有欲，小日子过得其乐融融。

任何一个男人，都会喜欢这样的女人，有大女人的豪爽，又不失小女人的温雅！在外面性格泼辣，在家里性情温柔。这样的女人，不会让男人担心，更会让男人感受到一种宽容的力量，一种归属，一种美。

专情是女人幸福的基础

女人多情没有错，多情的女人活泼、可爱，她们热爱生活，热爱自己，若多情不滥情，自然也是一种幸福。

但是，多情不代表水性杨花，那种一刻也离不开男人的

滋润，把男人当玩物，换男人如更衣的女人。这样的女人总以为自己很了不起，殊不知，也是在玩弄自己。这样的女人，在她们的爱情字典里，没有“唯一”二字，她们生来太易动情，太容易移情别恋。

不可否认，这种女人一定长得漂亮，懂得梳妆打扮，或者骨子里透出一股风骚，举手投足都能吸引男人的目光。

琼瑶作品《又见一帘幽梦》剧中的女主角紫菱，就是一颗多情的种子。对女人来说，她的结局实在很让人羡慕，最后不仅俘虏了温柔专情的费云帆，在事业上也取得了耀眼的成功。但是对于费云帆来说，这样的女人很没有安全感，他爱她，用尽一切心机去讨好她，感动她，几度都想要放弃了，最终还是获得了圆满的结局。但故事毕竟是故事，现实中又有几个费云帆呢，即使有，怎么那么碰巧就会让紫菱们碰到呢？如果没有费云帆，紫菱的命运恐怕就是家散人毁，亲情爱情全部离她而去，费云帆说来说去成了她的救星。然而她的行为对费云帆又造成了怎样的伤害呢，怕是他一辈子都会认为紫菱并不是全部属于他的，天长日久，如果电视剧像生活一样还能继续下去，紫菱的幸福又能维持多久呢？

但很多女人天生就是多情，她们喜欢尝试不同的东西，也可能她们天生就没有安全感，所以不停地从不同的男人身上寻找安慰。这往深追究也属于一种心理障碍。

跟这种女人恋爱或结婚，男人会觉得身心疲累，他会时

刻担心自己是否被戴了绿帽子。婚姻不幸的种子，从结婚那天就种下了。

这种女人往往很难克制住自己，就像嗜血的野兽抗拒不了鲜血的诱惑一样。尽管她们也很自责，但是她们对于多情丝毫没有自制力。而且多情的女人很有原则：一不贪人钱财，二不夺人夫君，三不逢场作戏。她们或者是贪恋这个男人的温柔，或者又迷上那个男人的洒脱，总而言之，每次动情都有自己的理由。

我承认爱过很多人，但我保证每一次都是真的！

身体的出轨不是出轨，思想的出轨才是真正的出轨。只要上半身是纯情的，就算下半身再滥情也不要紧。请相信，我最爱的是你。

如果你是这样的女人，建议你最好去看看心理医生。早日有一个健康的心态。女人的青春没几年，找一个好男人安安稳稳地过日子，相夫教子的生活是每个女人梦想的。不要以为自己还年轻把资本消费殆尽，想再折腾，必然落得个“春风无力百花残”。

真正得到幸福的女人，懂得该淑女时就淑女；该风情万种时，就给男人来点风骚，当然这种风骚只限于自己的老公；“招风”而不“引蝶”，多情而不滥情。

在大多数女人眼里，婚姻就是女人的生命，为了自己的婚姻幸福，女人应该放弃多情的心。当然，在路上看看帅

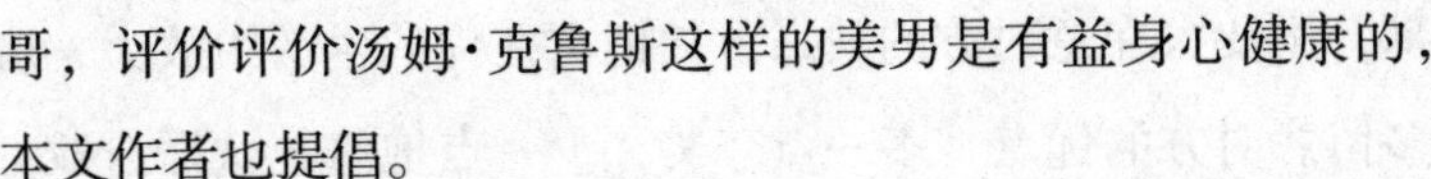
哥，评价评价汤姆·克鲁斯这样的美男是有益身心健康的，本文作者也提倡。

幸福女人不抱怨

有些女人，在她们眼里，世界漆黑一片，无论什么事情都只看到最糟糕的一面，别人可以一笑了之的事，到了她那里就不得了了，天好像要塌下来，不仅自己郁闷，还影响到周围的人陪着她一起阴郁。

但凡遇到什么不顺心的事，就觉得自己命苦，心生怨气，不但拿这些事折磨自己，还喜欢用男人的错误来惩罚自己，男人犯的错误要他自己承担，女人不要发脾气啊，气得不吃饭啊不睡觉每天掉眼泪。

这样，不仅你的生活会一团糟，男人也会因此变本加厉。每天下班想要回家的不愿意回家了，本来就不愿意回家的更不回家了。抱怨对于男人没什么影响，他可以一走了之，但是女人如果抱怨太多，不仅会显得自己没水准，而且脸上也容易起斑，像人们常说的黄脸婆。怨气会吞噬女人自身的灵光，毁掉女人辛苦建立起来的幸福乐园，更会对身体造成不可估量的伤害。

其实，两个人既然能走在一起，就一定是对方有吸引你的地方。尤其是已经结婚的女人，爱一个人就要爱他的全

部，不要太在意对方的缺点，并把它在你的生活中放大，应多留意对方的优点，多一点夸奖，少一点抱怨，这样，双方才能共同建筑和谐幸福的婚姻城堡。

一味地抱怨会在你的生活中产生一种负面的磁场能量，它会越来越强大直到你最后不能控制，不但刺伤了自己，也会让对方痛苦不堪，本来可以幸福美满的婚姻难保不会到此为止。

有一对共同创业的夫妇，丈夫每天忙碌于生意事务，每天操心劳累，回家的时候不愿意多说话，只想休息，这让妻子觉得老公忽略她了。如果是聪明的女人，适时地为老公端上一杯热茶，安慰几句，也没什么大不了的。可这个女人已经被老公宠坏了，她开始埋怨老公每天只顾着公事，是不是已经忘了这个家，她每天多么辛苦回家还看不到他的笑脸，埋怨最后变成了质问，你是不是有外遇了？唠唠叨叨变成了骂骂咧咧。原本就很烦躁的老公终于忍受不住了，大声地反驳："我辛苦也是为了这个家，你能不能少说两句。"这下妻子更不能忍受了，她觉得自己满腹的委屈，骂丈夫滚，负心郎。本来没有的事情却被她搞大了，丈夫难以忍受，拿上衣服出了门。她追出来，指着丈夫的后背，跟着大骂："你这个负心郎，你这个该杀的，你不得好死，你……"

丈夫连头也不回，完全不理睬她的谩骂。

她彻底绝望了，趴在床上号啕大哭。原本幸福的两个人

在一点点地产生裂痕。

抱怨的女人不是聪明的女人，她对待生命和生活缺乏感恩之心。人生是如此短暂，尤其女人的青春更是宝贵，何必为了一些鸡毛蒜皮的小事把生命浪费在不必要的事情上呢！男人不喜欢说话的时候，就由着他，你可以看看电视，没必要每天围着他转；男人喜欢看足球，看美女，那至少证明他是一个正常的男人，你应该感到高兴才是；男人的衣服喜欢乱扔，你可以想点策略，小小地惩罚他一下，也不抱怨。如果你总是不停地抱怨，那就会成为一种习惯，久而久之，抱怨控制着我们的思想和行动，不仅在家庭中，工作中、社交中你都会形成抱怨的性格。那样你的生活就会永远充满阴影和不幸，影响我们的爱情、家庭、事业和成就。

多一份宽容，让自己潇洒一点；少一分抱怨，让生活更幸福一点。这样，才能活出女人特有的明媚。

不相疑 放松爱

有些女人感情极其细腻，骨子里超乎敏感，男人不经意的一个动作，也能让她东想西想；男人有什么风吹草动，就怀疑他是否有问题，搞得自己整天恍惚不安。

敏感是女人的天性，但是太过就容易让女人与幸福擦肩而过。整日猜东猜西，无中生有，这完全是自找苦吃，是对

自己老公的不信任，也是对自己的不自信。

也许你会说，我没有出众的相貌，又没有辉煌的事业，不知道怎样拴住男人的心，当然要格外用心一点，不看得紧一点，我很可能会失去他的哦。但是，你听过这样一个故事吗？说一个女孩在结婚前的一个晚上和父亲坐在沙滩上聊天，她问父亲："我要怎样经营以后的婚姻生活呢?"父亲没有说话，只是让她抓一把沙子在手里，紧紧地握住。女孩握得越紧，流出去的沙子越多。"爱情就像这沙子，攥得越紧，它流失的越快。"女儿明白了，父亲用手里的流沙告诉她对待婚姻的方式。

可偏偏有的女人就没这么聪明，平日里，如果男人不在家或回来晚了，就会不停地打电话，追问他的去向。更有甚者，会偷看手机信息，或检查钱包……这种女人的占有欲很强，疑心也很重，她更不会意识到这样做是错误的，因为她觉得这个男人只属于她一个人，她要紧紧掌握他的一举一动。事实证明，凡是这样被女人紧盯的男人出轨的几率越大，因为男人是管不住的。

有一个已婚女人，是个公务员，经过10多年的努力，终于坐上了处长的位置。有一天，她偶然发现自己的丈夫跟初恋情人在一起吃饭，顿时醋意大发，开始对老公产生猜疑，怀疑他和初恋情人旧情复燃。从那之后，她无心工作，大部分精力和时间都花在了寻找丈夫背叛她的证据上。她甚至冒充老公的初恋情人，用手机发暧昧短信给老公，以此检测老公是否对她忠诚。

其实，她老公跟初恋情人真的只吃过一顿饭而已，什么事情都没有。如果她能宽容对待，彼此信任，这件事也就过去了。结果她这么一折腾，她老公真的走近了初恋情人，在某一个晚上不该发生的真的发生了。这个女人一切都完了，美好的事业，原本幸福的家庭，全都毁在了自己手里。

猜疑会把自己推向不幸的深渊，也会把自己的男人推到另一个女人的怀抱里。试想一下，一个女人如果每天在猜忌中度日，那么幸福和享受幸福的过程就不复存在了，理想化的完美，都会在猜疑中消失殆尽。其实，一些无关紧要的情感记忆，就让它保留吧。善加利用，还会成为你们婚姻生活的润滑剂呢。

恋爱和婚姻都是以感情为基础的，让对方快乐幸福是最高的原则。互信是稳定情爱关系的基础，如果失去了最根本的信任，无疑等于给自己原本甜美的恋爱和幸福的婚姻挖一座坟墓。

没有丑女人，只有懒女人

女人可以不漂亮，但绝对不可以懒惰，尤其是在对待自己的形象和性格方面。没有哪个男人喜欢脏兮兮的女人，整天无所事事，屋子里乱糟糟，如猪窝一般，人不像人，家不像家。

虽然女人偶尔懒一下会让人感觉很可爱，但长期邋遢的懒女人则让人难以接受。她们把男人当成自己的饭票、司机、苦力、保姆……永远都有收拾不完的残局。她像个小孩子一样，吃饭、洗衣服和日常的生活都要男人帮他处理。刚开始可能男人会把这种爱当成责任来做，但是日子久了，谁也不愿意伺候一个养尊处优的大小姐，这比照顾一个不懂事的小孩子更让人难以接受。

我有一个朋友是个典型的懒女人，人长得挺漂亮的，但是整天邋邋遢遢，办公桌永远是乱得一塌糊涂，她家的沙发上永远扔满了衣服，分不清哪件是干净的哪件是脏的。一头卷发还真省得打理了，早上起床用水沾着梳几下就走人了。鞋带总是拖拉一块，衣服也褶褶巴巴的。凡事丢三落四，皮肤粗糙到连面膜都懒得做，原本不错的肤质现在也满是斑点，真让我们为她可惜。

这种不懂得收拾自己的懒女人只是一种生活习惯问题，充其量用邋遢来形容，还有改进的可能。可是好吃懒做的女人可就让人生厌了。出去工作，嫌每天起早太辛苦；在家呆着，嫌每天做家务太辛苦。想找个男人养自己，再找个保姆过少奶奶的生活，又不太现实。

这种女人绝对不会看上穷光蛋，她喜欢上某个男人，看中的也不会是人，而是这个人的钱，这些女人花男人的钱从

不眨眼，算得上是拜金女一个。对男人而言，娶这样的女人做老婆，即使家有万金，也有被挖空的一天，那时，只有落得人财两空、倾家荡产的局面，婚姻破裂也是自然的事。

除非你不爱这个男人，想用自己有限的几年青春赌明天，那么你尽可以挥霍时光。如果你想生活幸福，为自己追求一个完美的婚姻和未来，那么就应该勤奋努力，有自己的一片天地，而不是好吃懒做，成为男人的寄生虫。失去了养体的寄生虫结局如何，只能饿死。

所以，女人不能懒，行为不能懒，心也不能懒。女人应该知道自己的不足，努力提高自己，修炼自己的气质，健美自己的身体，养护自己的容颜。不要小看这一点一滴的积累，它会让你受到所有男人的青睐，会为你未来的生活创造一片幸福的天地。

part 3

女强人和小主妇，平衡就是幸福

时代发展到今天，男人和女人的地位表面上看似乎平等了。但实际上，女人的生理特点和心理特点都注定了这种平等其实有着不公平性。

在80后和90后女孩的眼里，“男主外，女主内”的观念似乎是过于传统了，似乎除了生孩子之外，男人也该包揽女人所有的工作了。女人必须独立的书籍和种种公众的说法开始被媒体炒作！“家庭妇男”似乎让女人也出了一口气。

不过也仅仅只是满足了一些大女人的心理需要而已。很多女人心里也清楚，男人并不喜欢女强人，尽管他们会很欣赏这样的女人，但是找她们做老婆。似乎还在犹豫中。

女人到底该不该“强”？

那么女人到底该不该“强”呢？这成了很多女人的疑问。这个世界永远是强者的天下，强者独尊！女人属于这个世界的一部分，当然也需要强大起来。

但是这里所说的“强”，是自强，不是逞强。相对于女人在对待事业和家庭问题上的一种观念。在很多男人看来，女人要么照顾家庭，要么做女强人专攻事业，两者之间似乎没有缓冲地带。

因为男人这种固有的观念，使得女人与生俱来有一种无形的压力，那些争强好胜有事业心的女人，如果我行我素一意孤行做女强人，就会成为剩女，强的男人想找个弱的，弱的男人更不想找个比自己强的。这些女强人就被剩下了。她们所承受来自社会与家庭的压力也不轻。那这个社会是不是就没有女人做事业的空间了呢？相反，有很多职业，是非女人不可的。女人温柔的性格，与生俱来的细心和体贴，是男

人不具备的。只是现实的处境让大多数女人不得不选择放弃事业，回归家庭，做一个小女人。

事实上，如果平衡得好，家庭和事业是可以双赢的，单独拥有任何一个的女人都不会幸福。因为并非所有的女人都想做女强人，只不过由于环境的原因，有的女人被逼上“梁山”。很多企业的女老板都不是真的愿意在这个鱼龙混杂的社会里周旋着生存，尤其是稍微有点姿色的女人，女人出去办事，难免会有很多不便，但是生活逼迫她们不得不狠下心，自强起来，拯救自己，活下去。所以，在大多数情况下，女人“强”是环境的产物。为了生存，为了让生活更加美好和幸福，为了让自己活得更精彩，很多女人不得不让自己强大起来，或者在自己不情愿的情况下，充当了女强人的角色。

其实，很多女人刚开始时并没有意识到自己要做女强人，她们的本意是想把工作做好。像这类女人，她们知道自己想要什么，什么是最重要的，会适度处理好社会、家庭及个人的关系，做到事业和家庭两不误。

这一类型的女强人可以说是男人最理想的结婚对象了，她们心胸开阔，会设身处地为自己的男人着想，有时候会作适度的退让，为的是更好地防守，为自己的家庭和婚姻营造一种和谐。这样的女人，会让男人觉得有安全感和归属感。

当然，不排除有的女人骨子里与生俱来就有女强人的基因。她们存在现实世界里，是为感受强势的优越感而活，视荣誉为最大的满足。为获取这份满足感，她们会忽略家庭的存在，把男人放在低于事业的位置上，这类女强人，男人是避之唯恐不及，婚姻不幸是必然的！

女人可以不让自己成为女强人，但是，一定要让自己强大，不要围绕某个男人打转，或依附于他，成为男人的附属品。

女人一定要有自己的事业和爱好的空间，平衡好家庭和事业的关系。谁让上天赋予女人这么多的使命呢，让女人在有限的生命里，活出自己的精彩。

你的困惑谁能懂?

有很多女强人，在政界或商界叱咤风云，要风得风，要雨有雨，风光无比；她们的才能、学识或相貌都无可挑剔，但婚姻生活却一塌糊涂。

《穿普拉达的女王》里那个时尚主编，连时尚界的精英都对她唯唯诺诺，凡是经过她手里的东西没有不创造奇迹的。手底下的员工都是她一个人的奴隶，然而就是这样一个女人，离了两次婚，婚姻极度不幸。工作上她呼风唤雨，但是情商却很低，不懂得怎样去经营婚姻，也可能她没有精力去经营婚姻，才导致了婚姻的不幸和失败。

很多女强人在经历失败的婚姻后，都会不无抱怨地问："我这样做有错吗？我哪一点不比那个女人强，我辛辛苦苦为了这个家，他凭什么要跟我离婚？"

这似乎是女强人的通病，她们不知道男人要找的是老婆，不是领导。有些事情如果你弱下来，给男人空间来解决问题，他会更开心。而你像个男人一样把所有属于男人的事情都包揽了，男人会觉得自己没用处，不像个男人。

北京有一个叫"星空下的女人"的电台访谈节目，在访谈过的所有成功女人中，按不完全统计，有80%是单身女人，其中不少是多次离异的单身女人，也有高龄未婚者。

这些"女强人"在事业上取得了成功，但是，这种"成功"几乎都是以放弃"幸福生活"为代价的。

她们的确是女中豪杰，在事业上勇于拼搏，并取得了比男人还引以自豪的成绩。可是，因长期养成的固有思维，她们习惯以经营事业的"风格"处理家庭中的人事关系，事事较真，处处较真，把家庭生活中发生的各种事情，以自己的价值观为评判标准，小事大事，件件不放过，全放在"问责"范畴，俨然是一个领导在管理下属的姿态。

其实在两个人的生活中，没有对或错，清官还难断家务事呢。

林小姐在深圳一家外企工作，从中层管理做起，一直做到高级主管。她做事雷厉风行，从不拖泥带水，该她决策定

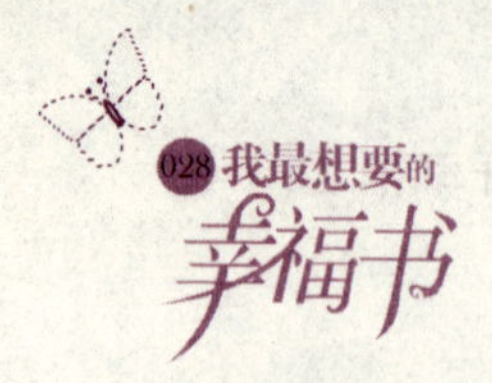

夺的事，从不含糊。她先生是一家民营企业的老板，两个人都事业有成。

她先生的父母在农村，经夫妻商量，决定接公公婆婆来深圳安享晚年。想不到的是，文化水平不高的公公婆婆，由于受封建思想影响极其深重，有时候会向儿媳妇灌输“三从四德”、“男尊女卑”的观念，要求儿媳妇也恪守“三从四德”。

可是，林小姐处理家庭事务的智商实在不高，面对家庭中的琐碎事情，她无所适从，一筹莫展。由于她不懂得如何与公公婆婆相处，平静的家庭生活掀起了波澜，火药味弥漫于家庭的每个角落。

林小姐的先生夹在其中，不堪重负，索性以沉默来应对这种无声的较量。身心疲惫的林小姐根本不知道问题出在了哪里。无奈之下，甚至想过离婚。但她又非常爱自己的老公，不舍得丢下他。从此，她的困惑来了，原本幸福的生活变得一塌糊涂。

其实，林小姐的困惑在于她太过较真，公公婆婆是老公的父母，是长辈，他们说的话即使你不愿意听也要将就一下，敷衍一下，生活在继续，还是按你的方式展开。

不要问谁对谁错，公公婆婆那样要求你没有错，你接受或不接受也没有错，观念的不同本来就是一件很麻烦的事情。林小姐在单位说一不二，妥协是很难的事情，最好能换位思考一下，把自己摆在正确的位置，毕竟家庭不是单位，老公和家人也不是下属。

恋爱或婚姻中的男女也是凡人，他们所做之事，并不一定件件都对，如果每一件不顺你心思的事情就盘根问底，非要揪出个你对我错来，这不是理想的婚姻生活。

如果任何事都按自己的逻辑行事，丝毫不顾忌对方的感受，那么，久而久之，男人也会感到厌烦。没有人希望在单位是孙子，回家依然做孙子，被吆五喝六地指责。

如果大多数女强人都如林小姐那样，要求男人按自己的评判标准理清是与非，这样只会把婚姻引进“死胡同”。所以，“女强人”若想维持一个稳定幸福的家庭，首先要明白，自己是老婆，是儿媳妇，而不是领导，多一些忍让与迁就，少一些责问和命令，在妥协中寻找幸福的平衡点。

贤内助也是幸福小主妇

你也许挣扎于留职或选择回家做“家庭主妇”的两难之间。对于中国女性来说，的确面临着这样的问题，两者很难取舍。

女人出于培养孩子的考虑，在经济条件许可的情况下，选择回家做全职“家庭主妇”，这本身是一种牺牲。

但很多女人的付出不但没有博得老公的感激，反而在老

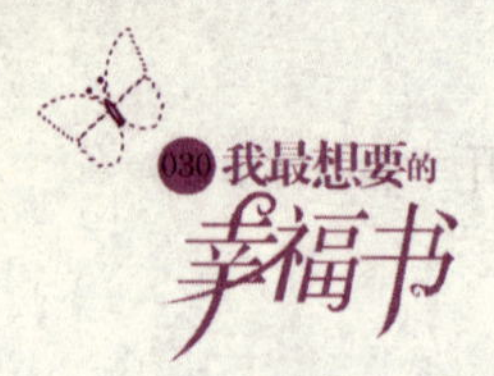

公得志之后，成为被轻视的借口，致使很多已婚女人担心被老公抛弃，不愿放弃自己的工作。那这样的家庭模式有没有成功的案例呢，是不是每个全职女人都会最终迎来被抛弃的命运呢？答案是否定的。只要女人不丧失自我，不做依附男人的金丝雀。管理好男人的后院，将家中的财务管理得井井有条，还能不时为男人出谋划策，这种女人不仅不会被抛弃，而且是不可替代的。

在这个残酷的现实世界，你既不想你的男人是一个穷光蛋，又担心他有了大把钱之后过着"花天酒地"的生活，在穷与富之间，你选择了后者，希望自己的男人将来成为有头有面的人物。

既然选择了，就不要后悔，就要想方设法把后方的工作做到尽善尽美。女人回归家庭，同样也是一份重要的工作。

我有一个女朋友，她是一个全职太太，但是她生活得相当幸福，每次见到她，那种小女人的幸福姿态洋溢言表。最初她退居二线回归家庭是因为怀孕了。生完孩子以后，她充当了老公的贤内助，不仅在事业上为老公出谋划策，而且也从不胡乱挥霍老公的钱财，她用老公的钱投资了一个楼盘，不到半年就赚了几倍。孩子的保险、老公的保险，都被她精明地算计到最划算的投资里。结果，她一年赚的钱比老公赚的钱还要多，怎么能不让老公更爱她呢。她也没有不修边幅，每天把自己打扮得光彩照人，和恋爱时一样，两个人偶

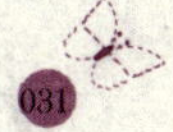

尔还会出去二人世界一下，甜蜜的幸福自然不必说。

这是一个聪明的女人。是金子在哪里都会发光，只要能实现自己的价值，同时给家人和孩子建设一个温馨的家园，培养孩子成才，这样双赢的事情何乐而不为呢。

做个平凡的小女人，找一个男人照顾自己，享受着男人对自己的疼爱，做他心里永远的小公主……

对女人来说，家庭永远是第一位的。大多数聪明的女人，都渴望拥有美满幸福的婚姻，希望自己在婚后，可以回归家庭，把照顾男人、辅助老公成就事业和教育孩子当做自己最重要的“事业”来经营。只有把家庭经营好了，你才会真正“拴”住老公，获得真正属于女人的幸福。

part 4

收复“朝三暮四男”全攻略

所谓十男九“色”，就是说，十个男人九个花心。花心的男人，随时都有可能自编、自导、自演一出不为人知的浪漫爱情故事。

花心的男人像乖巧的八哥，他们懂得女人的心，会用甜言蜜语哄女人开心让女人喜欢上自己，轻易就俘虏了女人的心。这种男人多情浪漫，跟他们谈恋爱一定会很有情调，下一秒永远充满着惊喜。

然而，如果碰巧自己的结婚对象是这样一个男人，有贼

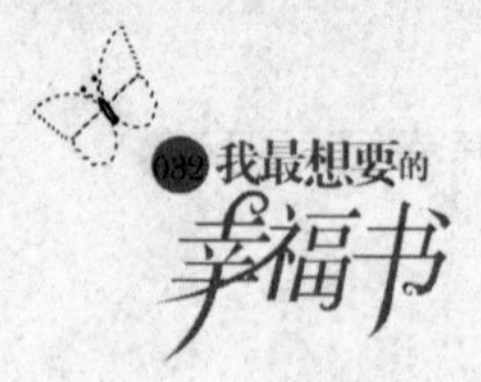

心没贼胆还好说，有贼心又有贼胆的，女人就要小心了，充分运用自己的智慧，别让花心男有机可乘。

花心，是爱情的“砒霜”

女人想要的是什么？一段刻骨铭心的爱情、一个幸福美满的家庭和一个相伴终身的男人。

明知道好男人可遇不能求，明知道爱情就是含笑饮砒霜，很多女孩依然孜孜以求或乐在其中。

女孩都希望自己的另一半英俊潇洒、聪明健康、心地善良、有钱又浪漫痴情，对自己一片忠诚。事实上，这种男人只有在爱情小说里才会出现，现实世界里根本不存在。

于是，女孩的目光开始搜寻那些有钱有地位又不是很花心的男人。但是，她们不明白，有钱有地位并不等于幸福，而且，越有钱有地位的男人越风流。

有一对夫妇，两个人在外面打拼10年后，创立了自己的商业王国，生意蒸蒸日上。他们有一个可爱的女儿，算是一个幸福的家庭。公司走上轨道以后，男的管理所有事务，女的安心回归家庭，教育孩子，生活幸福，其乐融融。

可是，好景不长，一次偶然的机会，她的先生在订货会上认识了一位白领丽人，于是，一个再简单不过的第三者插足的故事发生了。

这个女孩早知道这个男人结婚了，却控制不了自己的欲望，她一方面尝到了爱情甜蜜的味道，一方面不能抗拒男人的金钱攻势。因为男人的花心和背叛，老婆最终决定和男人离婚，凭着她对他的了解，这仅仅只是个开始而已。

离婚之后，她找到了那个女孩，心平气和地告诉她，她们离婚了。并提醒她，今天他会跟你在一起，明天也一定会跟别的女孩在一起。

这个女孩和大多数女孩的想法一样，自信能改变这个男人。她的想法十分简单，他既然选择了我，就一定会为我而改变。

后来他们结婚了，婚后他们也有过一段美满幸福的生活，可是，当这个女孩仍然沉浸在幸福中时，不幸的阴霾悄悄来临。在她怀孕时，她老公已躺在另一个女孩的床上，当她知道这一切时，为时已晚。

她做梦都想改变这个男人，控制他不再花心，可是，她彻底失望了，以前美好的情感，已悄然逝去。这时，她才想起这个男人的前妻跟她说过的话。这种领悟付出的代价太大了，她的后悔只有用泪水来倾诉了……

遇上这种男人，不是女人的不幸，不知反思，继续错下去，才是真正的不幸。

跟花心的男人谈恋爱，确实很有感觉，够刺激，可是，婚嫁则不然，那是一辈子的事。一个女人，如果爱上了某个男人，意味着将全身心交给了这个男人，她们希望跟这个男

人长久厮守在一起。

常听到一些遭男人背叛的女孩这样说：“我不愿和他分开是因为我爱他，我离不开他。”

但是，如果这时候你能冷静下来，仔细想一下就会明白：你爱的男人如果真的爱你，就不会欺骗你，更不会在外面找别的女人；如果他真的很在乎你，就会设身处地、极尽可能地让你开心、快乐，而不是背着你在外面寻欢作乐，不顾及你的感受。

要知道，男人的花心，就像韭菜一样，在他的生命里一茬又一茬，割也割不完！

遭遇背叛的女孩，之所以仍想“挽留”，并不单纯为了爱，最重要的原因是，她们的身心早已交给了这个男人，一时无法收回，即使受辱，承受身心及情感的双重煎熬，也会选择继续留在他身边。

这种女人真是傻到了极限！一段不忠的感情会让女人在感情上不断受到虐待，不过精神的折磨也会让女人获得迅速的成长，如果这个时候，女人的自信心还没有完全被摧毁的话，早点离开这个花心的男人才是明智的选择。

女人与花心的男人谈恋爱，或许会享受到某种情趣，但是，如果跟他结婚，则是不幸的开始。聪明的女人，当意识到男友是个花心男人，而你又没有足够的应对策略，请选择马上离开，而且越早越好。

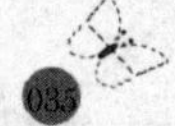

聪明面对花心男人

在谈恋爱的时候，男人被激情淹没了花心的本性，女人也被幸福冲昏了头脑，根本不会细想10年、20年之后可能会发生的事，更不会去想这个男人是否可靠，因为爱情是盲目的。

如果女人一不小心跟这个男人结婚了，这个男人是个花心大萝卜，她却无法把握这个男人，那么，女人的生活境况，形同身处一个外表华丽、危机四伏的迷宫。在这种环境里，你永远看不到出路与希望，毫无安全感和幸福感可言，焦虑恐惧、情绪不安便是你的忠实朋友。

很多男人的花心都发生在事业有点小成就之后。

有这样一对夫妻，两个人刚刚脱离中产阶级，男人就认识了一家高级宾馆的服务员，两个人迅速搞在了一起。

这是她老公的第一次外遇。她知道这件事后，简直发疯了，大吵大闹了一场，公婆都站在她这边，老公也断了和那个女人的来往。

安稳的日子过了一年，老公又有了第二次外遇。她傻眼了。她能不能如前一次那样，把女孩赶跑？假如她如前次那样把这个女孩也轰走，谁又敢担保，她老公身边会不会出现第三个、第四个、第五个……

她十分痛苦，游走在离婚的边缘。就算她老公愿意离

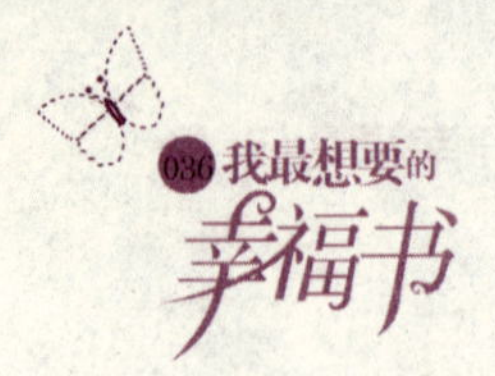

婚，也过不了自己这道门槛，过穷日子的时候在一起，如今日子好过了，却要拱手“让位”给别的女人，多不甘心！可是，与别的女人争一个本属于自己的男人，守着一个如花蝴蝶一样的老公，会有幸福吗?

对身处其外的大多数女人而言，这个问题的答案只有一个：不值得！因为好男人可以找，可以遇，甚至可以求，争和抢不属于恋爱与婚姻的正常方式，反而会埋下更深重的不幸。

感情出现危机，对每一个女人而言，都会容颜失色。身受其害的女人，其内心必然极度焦虑，甚至爱恨交织，内心强忍的愤怒，犹如即将喷发的火山，随时有可能爆发。所以，这个时候，女人最好冷静下来，静观其变。

男人有了外遇，是女人永远的痛，也是永远的恨。痛过之后，挥挥手，潇洒地离开，但是不要忘记带走属于自己的东西，那些你和他辛苦打天下赚来的东西。如果是有情有义的男人，会分给你一半的财产，但是难保你不会遇到狠心的负心郎，转走所有的财产，闹你个净身出户。这个时候聪明的女人就要静下心来，争取自己应得的一份，千万不要最终落得人财两空。

在男人的背叛中保持自我

女人被男人背叛，很多时候并不是女人的错。如果你的男友本来很花心，你一次次原谅他，他却一次次越轨，你的

原谅，养成了他对背叛无所谓的态度，受伤害的最终是自己。

当你的男人背叛你时，爱情也变了味道。两个人从一个圆里同时走出来，不再如从前那样坦然。很多时候，你会发觉，爱找不回来了。

有一个女孩，大学毕业后和男朋友来到广州生活。同居一年后才知道，她的男朋友同时还和一个有夫之妇来往。

知道这件事后，她痛不欲生，几次想自杀。但经不住男朋友的苦苦哀求，原谅了他。男友跪地表达愧疚之意，并向她保证，跟那个有夫之妇断绝关系。

因为爱，他们没有分手，她希望他弥补过错。可是，每当她想起男友跟自己亲密接触的同时还在和一个有夫之妇亲热，就感到一阵阵恶心。为了麻醉自己，她学会了喝酒，经常到迪厅偷偷买摇头丸，狠命跳摇头舞，可是任凭她怎样跳，依然无法甩掉满腔的伤痛。

她相信时间会冲刷一切，伤口会结痂，但令她担心的是，如果他重蹈覆辙，再一次伤害自己怎么办?

再一次受到伤害不是问题的关键，重要的是，爱找不回来了，千万别把自己丢失了。

女人的青春短暂,要学会善待自己，不要放任自己的情绪，不要以不明智的行为麻醉自己，为自己的身体着想，也因为背叛自己的男人不值得。

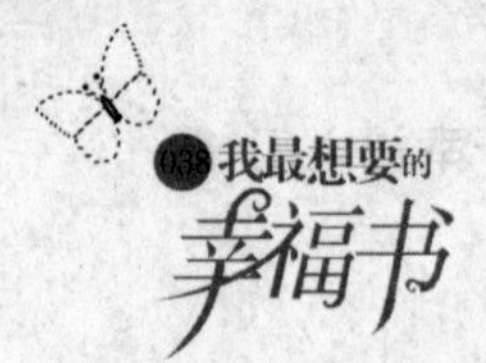

背叛带来的伤痛是必然的，但是，为了自己一生的幸福，必须坚强起来，因为今后的路还很长，谁也不愿意一辈子忍受这种伤害！遇到这种情况，只能怨你遇人不淑，不如放开一切，做一些自己喜欢的事，比如找同学、朋友逛街，买自己喜欢的物品；或找他们聊天，谈论曾经有过的快乐时光，等等。也可以选择到外面走走，看看山，观观水，总之，人生有太多的事情可做，何必为了一个背叛的男人把自己搞得人不像人鬼不像鬼呢。

爱情也好，婚姻也罢，无论怎么爱，千万不要迷失自己。开车的人，技术很重要，识路也很重要，迷途了，能知返就好，达不到目标，至少人能回来。女人也一样，就算男人背叛了自己，爱失去了，青春没了，但是，你没有丢失自己，依然是个幸福的女人。

女人可以略输文采，不可稍逊风骚

某个男人的女友风姿绰约、温柔大方，而男人却在外面又找了一个不论是容貌还是学识都不如她的女人。在女人眼里，这个男人是花心大萝卜，“犯贱”！

那么，男人为什么“犯贱”呢？“犯贱”本身是一种观念，一种价值观。对男人来说，找个情人，除了满足雄性的征服欲之外，最直接的动机就是找到一个可以宣泄情感的通道，愉悦自己的身心。

当男人的情感需求在你这里得不到满足时，男人的目光就会搜索别的女人，有“贼心”又有“贼胆”的男人，在条件许可的情况下，有意或无意找一个地下情人，体验一种前所未有的新鲜和刺激，俗话说：“妻不如妾，妾不如偷。”在短时间内，男人就会被这个女人“迷醉”得失去了理智，色胆包天。

在这种情况下，男人一般不会轻易舍弃这个突如其来的“幸福”，他会不顾一切跟给他“幸福”的女人来往，忘乎所以，勇往直前。

你也许会问，是什么力量使男人冒着可能失去女友、妻子或家庭的风险，如此不顾一切地追求？作为女人，了解男人为什么花心，比一味责骂男人花心更有积极的意义。

大学者文怀沙先生曾说过：女人可以略输文采，不可稍逊风骚。

这里所说的“文采”泛指女人的修为和内涵。而所谓风骚，现代人的理解就是女人味。试想，一个缺少女人味的女人，她能给男人带来生活的乐趣和男女之间的情趣吗？一个不能给男人快乐的女人，男人这种视觉动物又怎么会愿意跟她在一起呢？

有女人味的女人，她们说话的声音不一定柔情似水，细若游丝；她们的容貌也未必沉鱼落雁，闭月羞花；但是，她

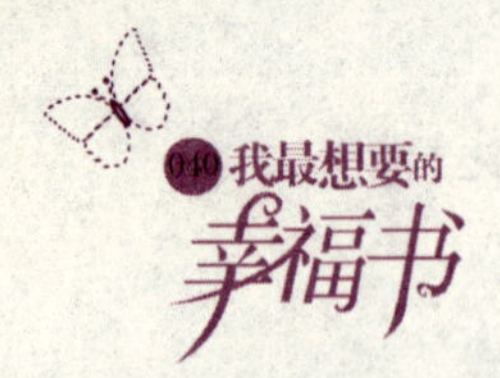

们的穿着打扮健康自然，昭示时尚的生活理念，尽显女性的性感和魅力。她们所用的一枚戒指、一条项链、一个发夹，都蕴含着独具匠心的审美情趣。她们的举手投足间都散发着浓浓的女人味……

这种女人，在男人眼里魅力无穷，男人只要遇到这种女人，想逃也逃不掉，只好乖乖就犯，男人再想花心，也“花”不起来了。

需指出的是，做一个有女人味的女人并非易事，因为女人味不是学来的，也不是“秀”出来的，而是从骨子里透出来的。当一个男人夸一个女人性感的时候，那十有八九他是喜欢上你了。

“性感”指的就是女人味，它是吸引男人的致命武器。

让自己充满女人味，保持良好的心态，每天激情满怀，给自己的伴侣一种新鲜感，感染自己的男人——当你做到了这些，就是再花心的男人，也逃不脱你激情的“场”，这时，男友就会牢牢地被你的磁场吸引住，跑也跑不掉，心甘情愿跟你一起分享幸福生活。

第2章

如意郎君，女人幸福的第二步

女人应该在了解一个男人以后再决定是否嫁给他，这样即使你一开始踩错了“船”，至少还有抽身的可能，不会到河中心了才后悔。如果不能预测到这个男人将来能带给自己什么样的未来，幸福便是一句空话。

part 1

适合你的男人才能给你带来幸福

男人到底是什么样的“动物”?

很多女孩被恋爱冲昏了头脑，还没来得及看清男人的真面目，就懵懵懂懂地走进了婚姻的殿堂。结果，男人婚前与婚后的变化，让新娘们左看右看都不顺眼，于是，吵架、后悔、眼泪接踵而至，甚至上演了一出出离婚的悲剧。

或许，当婚姻的第一场口角战刚刚开始的时候，什么时候落下帷幕，结局如何，谁也无法预料。正如有的女孩说：爱情与婚姻，就像撞运气，撞“中”了，幸福伴随一生；撞“歪”了，前景一片黯然。

女孩坠入爱河或走进婚姻殿堂的确像是一场赌博。第一次谈恋爱，单独演练，没有辅导员作陪，父母亲顶多问一问，了解一下，一切靠自己判断，这时就需要睁大眼睛，看清楚这个男人对你的爱是真是假，是否值得你用一生作为赌注。

看穿坏男人的“糖衣炮弹”

“男人不坏，女人不爱”，是一句男人常说的话。尽管在现实中很多女孩矢口否认，但是，内心多少有几分是认同

这句话的。

所谓“男人不坏”，主要是说男人追女孩的形式，其内容包括：脸皮厚，胆大心细，爱撒谎，道德约束力较差，善于耍花招，诡计多端，随口承诺，极不负责任……一旦追上手，“坏男人”的这些花招就变成了致命的弱点，像阴影伴随你的生活。

也许你阅历不深，根本不知道男人甜言蜜语的背后是一个阴谋或陷阱，事实上，“坏男人”的这种求爱方式，的确击中了你爱慕虚荣的软肋。你在“坏男人”熨帖的言行中，感动不已，甜言蜜语蒙蔽了你的眼睛，你被感化了，内心呼唤着：这就是我要的爱，他就是我要的男人！

实际上，很多女孩都抵御不了“坏男人”这种“糖衣炮弹”的攻击。

当热恋过后，爱情的火焰平息下来，你从冷却的灰烬中忽然发现，这个男人一直在骗自己，可是，一切晚矣。

小周天生一副美人胚，心高气傲，在学校里尽管口碑极高，却没有人敢追求她。走上社会后，她在一家私企工作，日子倒也过得不错。

后来，她遇上了自己的“白马王子”。男的每天早上给她买早餐，一周送一次花。每次约会，男人都会对她说：“我爸爸要帮我在这里买房子，我一定会让你幸福的。”

相处了一段时间，男人想要和她有更进一步的接触，她

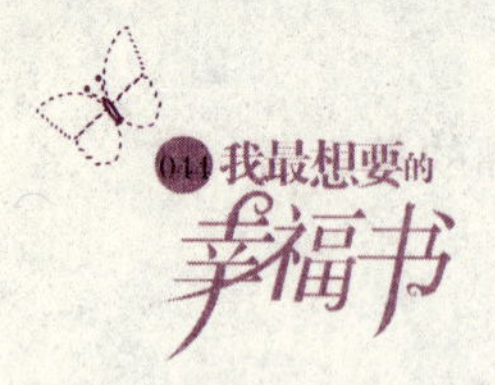

不同意，男人没有勉强，也没有生气，而是马上哄她说：“你迟早是我的女人，还担心什么，即使你现在说要我死，我也一定毫不犹豫。”

当时，小周有点感动。后来，男人跟她描绘了他们未来的幸福生活，他说：“你如果答应跟我结婚，我马上就买房子，也可以接你父母过来，房子有了，我们马上买车，让你开着车上班，嗯，你看，我们多幸福……”

随着两个人情感的深入，小周觉得自己是世界上最幸福的女人。后来一切顺理成章，他们同居了。

同居后，小周发现，男友回到家马上就关手机，好像有什么事瞒着她。而且也不像以前那么细心了，经常出门喝酒，也不再提买房子的事。有一天晚上，她肚子疼，打他电话，却关机。

后来，他们开始频繁地吵架，有一次，他叫她烧开水，她因为在读一本书，没有马上去做，他马上生气了，指着她鼻子说：“你看你，以为自己是什么金枝玉叶，女强人啊，什么东西!”

她觉得莫名其妙，抬头看着他，想知道他为什么发脾气。

他继续骂道：“你以为你是谁啊，告诉你，我什么都不是，我以前说的那些话全是假的，我父母很穷，我每月要寄钱给他们，为了你，我活得都没人格了，你别用这样的眼光

看我，我骗了你又怎样？……”

后来，小周发现他外面还有一个女朋友，她忽然明白了，他为什么每天晚上关手机，为什么隔三岔五要到外面“喝酒”，原来是跟另一个女人约会……

小周的“幸福”生活刚开始，还来不及品尝爱的果实，就凋谢了。这种被骗的感觉令她伤心欲绝。断然离开之后，她用了一年时间，才抚平自己的伤口。

其实，遇上“坏男人”并不可怕，可怕的是，你没有爱情免疫力，当洪流猛兽般的爱向你汹涌扑来时，你还来不及看清楚，就被淹没在爱河里。

所以，当有男人追求你时，不要相信“男人不坏，女人不爱”的说辞，要为自己多留一个心眼。

好男人、适合你的男人，才能给你带来幸福，因为好男人有责任心，没有那么多花招，做不到的事情也不会随便向你承诺；好男人虽然不会经常跟你说贴心的话，也不善于甜言蜜语，但是，他的爱是真挚的，藏在心里，表现在行动上。

擦亮你的眼睛，看清男人的真面目

“好男人”会欣赏、疼爱自己的女人，心甘情愿去呵护她。

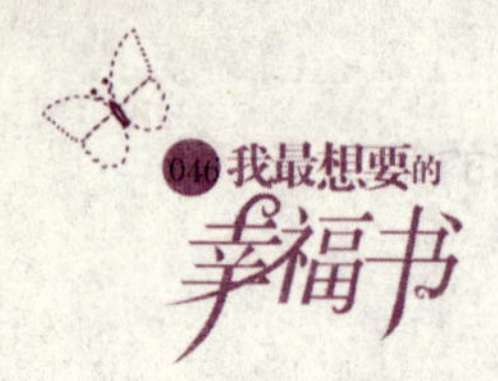

“坏男人”一方面想得到女人的爱，得到她的身体，哪怕耍一些手段也在所不惜。另一方面一旦得到了女人的身体，他会在背后贬低她，说这个女孩太容易上手了，让人看不起。

真正爱你的男人，会渴望与你心灵的交合，而不会为了得到你的身体刻意迎合你。他在追你之前，一定会考虑未来的生活，他能否给你幸福，这是负责任的表现。所以，如果他不是真心喜欢你，就不会追求你；或者，如果他目前条件不成熟，也不会追求你，因为他不忍心看着你和他一起受苦。

“坏男人”却从不考虑这些问题，只要你有点姿色，入他的眼，他就会先把你追到手再说，至于责任，跟他们一点关系都没有。很多女人就是看不清男人的真面目，盲目交出了自己的真心，最终悔恨不已。

北京某宾馆，有一个负责客房部的女孩，声音甜美，人也娇媚可爱。

一个外企老板看中了她，这个老板40多岁，已婚。为了把她追到手，这个老板包租了一个客房，交了半年租金。

顾客就是上帝啊，从此这个老板就打着顾客的名号，邀请她和自己一起做这做那。只要一有时间，就叫她陪他吃饭或宵夜，休息日也经常叫上她陪他去打高尔夫。久而久之，她觉得这个老板为人不错，对自己的态度总是恭恭敬敬的，

没有丝毫越轨的迹象，不免对他生产了好感。

去年情人节，这个老板花了2万多元送她一枚钻戒，并向她求婚，说："我不会辜负你，你放心，我跟我老婆早已没感情了，我打算跟她离婚，再娶你。"

起先她不相信，后来，他又给她买衣服，买各种昂贵的首饰，她有点动心了。再后来，在他的猛烈炮火攻击之下，她乖乖投入了他的怀抱。

同居之后，她催他早点办离婚手续，男人总是找借口拖。一个月、两个月……半年过去了。后来她得知，这个男人在他的企业里只有30%的股份，他老婆控制着整个企业70%的股份。她心都凉了，她明白这个男人不可能给她名分，因为他不可能跟他老婆离婚。

但她已经习惯了这种衣来伸手饭来张口的生活，陷入了取舍的痛苦之中。她每次提出分手，他总是哄着她说："你耐心一点，我不会亏待你的。"在他的花言巧语下，她一次次心软。她感觉到，这个男人是以"拖"为借口，想继续跟她"好"下去。

像这个女孩，当她在爱的苦海里挣扎时，她没想到，男人为什么不肯分手。其实，就是为了长期占有你的身体，让你彻底沦为他的玩物。

试想一下，如果这个男人真心爱你，真心欣赏你，他会欺骗你吗？不会！他会把你当做自己生命的一部分，好好地爱护你，珍惜你，一同分享他的快乐和幸福。

审视自己，剩女突围

你也许还在抱怨，这么多男人，为什么偏偏找不到自己想要的那个男人?

你先问问自己，在择偶问题上，是不是受灰姑娘故事的影响，或者看多了偶像剧、言情小说，着魔了，中邪了，把要求定得太高，或是把爱情想得太完美。

你对男友的硬性要求也许是身高1米80以上，高大英俊，善解人意，高学历，高收入，家境较好，有自己的住房和车子等。

如果你也有相同的条件，那你们彼此就是门当户对的好选择；如果你没有动人的容貌，值得夸耀的事业，不足以让这个男人对你死心塌地，劝你还是换一种择偶标准。

有这样一位大龄女孩，如果别人给她介绍的男朋友不符合自己的标准，或不符合她对爱情的想象，她就会表现得十分厌烦，心里想这种男人配自己真是“癞蛤蟆想吃天鹅肉”；如果男人也没看中她，她就会抱怨男人瞎了眼，这么好的女人都不娶等等。

但并非所有的“剩女”都对男人左挑右拣，有大部分的剩女其实是那种男人最想娶的类型，只是他们不小心错过了。这些剩女多半有自己的事业，生活过得不错，内心深处渴望爱情，可偏偏就遇不到自己中意的男人，稍微好点的都已经结婚了，剩下的那些英俊的就只能是姐弟恋了。

一个男人首先要被你身上的某一点打动，才会喜欢你，逐渐欣赏你，爱上你，最后娶你。你在挑选男人的同时，男人也在挑选你。在男人眼里，女人足以让他心动的核心“资本”，无外乎有四点：姿色、性格、智商和家境。

现在，你可以公平地衡量一下自己：

颇有姿色，心高气傲，对于普通男人来说，相亲的话你的第一印象分就差了；

如果你性格不是很好，不懂妥协，认为自己就是公主，那就失去了讨人喜欢的优势；

如果你智商很高，处处表现得比男人强，那么建议你还是收敛一点；

如果你事业有成，有车有房，好多男人恐怕会敬而远之。

很奇怪吧，难道现在男人的择偶标准都变了吗？为什么你想要找的男人，总是找不到。或者，你找到他时他已是别人的老公了。

站在男人的角度考虑，他们更喜欢跟各方面都不如自己的女人恋爱、结婚。如果自己的老婆什么都比自己强，处处占上风，哪个男人能受得了这种压迫呢？

所以，可以这么说，能达到你择偶要求的男人，基本上早已被不符合上述条件的女人抢走了。

其实，每一个剩下的女人内心深处都有自己的童话情结。她们幻想的恋爱浪漫但不符合实际，她们或者因为学业

耽误了爱情，或者因为事业耽误了婚姻，但是她们都是优秀的女人，这个社会女人太强很容易让男人产生恐惧感。

每个女人都是骄傲的公主，但也是温柔的灰姑娘。如果你不懂得收敛，尽管你的收入能让自己衣食无忧，没有爱情的滋润也会让你最终沦为大家眼光聚焦的“剩女”，这一点也不奇怪。

现在，开始改变吧。不是有钱的就是好男人，也不要被韩剧里的爱情迷惑，现实终究是残酷的。多金而又多情的男主人公都是虚构、包装出来的。即使真有那样的男人，也轮不到你，早就被那些比你优秀百倍的女人抢走了。

part 2

狐狸精修炼，让男人爱不释手

如果我们能潜入每一个男人的大脑，了解他们心目中的梦中情人，几乎可以完全肯定地得出这样一个结论：所有男人心目中梦寐以求的理想情人，一定是一个魅力十足的狐狸精女人！

究竟什么样的女人才最有魅力？如何才能成为你的另一半眼中有魅力的女人呢？

为狐狸精女人翻案

狐狸精，是那些感觉到自己的情感利益受到侵害或影响的女人对漂亮、有魅力，特别是对自己的男人有足够“杀伤力”的女人的嫉妒称谓，虽然她们口里义正辞严地对狐狸精们百般诋毁、辱骂，甚至不惜一切代价想方设法挫伤对方的锐气，但暗地里却又无时无刻地不在努力为自己打造狐狸精的魅力。狐狸精的魅力之所以让女人如此向往，归根结底就是一个“情”字！因为女人生来就与“情”分割不开！

《聊斋》里有关狐仙的故事,说她妖也好，狐狸也罢，可无论是狐仙还是狐妖，都妩媚妖娆，才色双绝。当夕阳西下，远钟续鸣，暮鼓敲响时，一座富丽堂皇、气势恢弘的家宅就拔地而起了，炊烟袅袅，直入云霄，庞大建筑的周围紫雾缭绕。这时，一袭香风掠过，恍惚间，或一阵佩环叮咚，或一曲清幽雅韵，引导你寻声觅源，便会见到身姿婀娜的绝色美女。而她，或翩跹起舞，或吹箫抚琴，在目光与你相遇的一瞬间，透射出了前世与你未了的情缘和遥远的神秘感，而你只管怔怔地看着她，视线再也不肯从她身上移开，生怕她在你一不留神间就消失了。狐狸精在还没有使用她的法力之前，只用那一瞥顾盼有加的眼神，一个含羞带露的浅笑，一句轻启朱唇的软语，就足以让你魂不守舍地只想与她相偕百年了……

那么，做个狐狸精女人有什么不好？很多男人之所以喜

欢狐狸精，是因为她们没有过多的欲求，当你在老婆那里得到的只是唠叨的时候，狐狸精会柔声细语地安慰你，你在她那里得到的永远是温香软玉，看到的永远是精致的妆容。你愤怒的时候她乖乖地趴在你身上；你高兴的时候，她跺着脚和你一起开心，这样的狐狸精，哪个男人不喜欢呢？狐狸精女人永远带给男人一种神秘感，她不会留你过夜，因为她有自己的空间；她不会逼你离婚，因为她要的只是你偶尔的光顾和宠爱。她和你没有感情冲突，没有金钱纠葛，不用担心柴米油盐，不用理会家长里短，所以她美丽、不食人间烟火。狐狸精女人，不为夺人所爱而遍洒自己的魅力，只为自己一生幸福长久而施展魔力。这样的狐狸精，别说男人，就是女人也会被她的魅力所折服，从内心发出钦慕之音，赞叹连连。

人生在世不过短短几十年，滚滚红尘稍瞬即逝。而女人最美丽的季节又有多少年呢？人们喜欢把女人比作花，花在正艳时会得到很多人的青睐与赞美，而一旦凋零，那些曾经青睐过她、对她赞美有加的人还会记得她吗？还会苦心孤诣地寻其芳踪吗？即使有心寻到了，也多是感叹岁月折花催人老！所以，花儿在美丽的季节尽情地吐艳，尽情地释放芳香有什么错呢?！春花秋月终有了时，当曾经的美丽与灿烂成为往事时，记忆的深处能留下难以抹灭的浪漫与得意，也不失为女人一生最大的幸福！

成熟、智慧让男人非你不娶

不是每个男人都喜欢高傲的公主，成熟、智慧的女人更能让男人有安全感。

英国小说家狄更斯笔下的大卫·科波菲尔自小就是个孤儿，由母亲忠心的女仆辟果提一手带大。他长大后成了一名律师，家境开始有所好转，这时他爱上了美丽单纯的朵拉，很快，两人就结婚了。婚后的大卫感觉自己很幸福，但不久，大卫就出现了经济危机，这是因为他和朵拉都不会理财的结果，大卫非常苦恼，希望妻子能帮他一把，当他把自己的困难跟朵拉讲的时候，她竟然惊呼一声："我的上帝啊，这可怎么办?"然后就晕过去了，大卫为了救醒妻子手忙脚乱。

在这个时候，大卫小时候的玩伴安妮斯出现了，她给大卫提出睿智而有效的解决办法，这让大卫濒临崩溃的小金库慢慢地又充盈起来。

后来，红颜命薄的朵拉被上帝收了回去，大卫在悲痛中发现了一直默默地站在他身后的安妮斯，安妮斯是大卫人生道路上的知心朋友和人生导师，现在，她又成了大卫忠实的爱人，用自己的一生去爱他，帮助他。

每天都伺候一个不食人间烟火的公主，如果一帆风顺的话，或许矛盾永远不会暴露，但是人生哪有一帆风顺的旅途，一旦出现风吹草动，这个公主就承受不住压力了，不仅不能给你帮助，还会让你再添一份照顾她的任务，难保男人不会烦躁。

我有一个女友，做事十分有条理，考虑事情思路清晰，为人处事有自己的风格。但是至今仍然没有结婚。家里为她介绍了一个条件十分优越的男人，为了不让自己再次失败，女友开始伪装自己，什么都要男人拿主意，说起话来慢声细语，上班下班都要男人接她，收到鲜花的时候，会说：好漂亮，我好喜欢啊。和我们相处时判若两人，我们总是忍不住讥笑她，男人却对她温柔体贴。

一次，我们相约去购物，她大谈装小女人的委屈。结账时，不小心撞到了款台旁边摆设的饮料架，服务员过来要她赔偿。女友又恢复了往日的魄力，条理清晰地指出了超市的不合理，首先她认为这个饮料架不该摆在顾客结账的地方，被碰到也不是她的责任；其次，可调出录像看看位置。据理力争，有条有理，我们都饶有兴致地看着她和服务员理论，服务员被说得哑口无言。这时从身后走上来一个男人，竟然是她的那个他，这下完了，可怜的女友又要单身了，被任何一个男人看到这样的泼辣都是尴尬的。

可是，戏剧性的一幕发生了，男人一把拉过女友拥在怀里，“我以为我的女人只会撒娇呢，原来你伶牙俐齿、思维清晰，之前我总觉得有点缺憾，怎么又遇到一个小女人，现在你跑不掉了。”

魅力女人，一定是成熟与智慧并存；魅力女人，一定是才貌双全；魅力女人，一定是优雅从容、与众不同的。只有这样才会让男人为你心动。

优雅，精品女人的灵魂

一个行为举止优雅的女人，一定是一个胸襟广阔、阅历丰富的女人；一个优雅的女人，一定是恬静淡然、追求卓越的女人；一个优雅的女人，一定是美丽与知识的化身。

做一个优雅的女人，是女人一生最高的境界。一个优雅的女人，首先要有内涵，有修养。其次，她要善良，这样她的目光才会散发出感性的魅力。优雅的女人一定不是那种不修边幅的女人，她懂得打扮自己，即使并不美丽，浑身也会上下散发着不可抗拒的气质。

优雅的女人一定爱看书，有自己独特的思想和爱好，这样她才会在纷杂的环境中凸显一种恬淡的美。优雅的女人就像一潭清澈的湖水，一眼望不到底，但是那神秘幽静的美丽，会吸引男人禁不住想要一探究竟，不可自拔。女人的优雅是随着时间的推移和自身的修炼成就的一种气质，它不是一朝一夕就能成就的，很多怨妇在优雅的女人面前黯然失色，她不会多说话为自己辩解，但只要她往那里一站，即使不开口，胜利也主动站到了她那边，这就是优雅的魅力。

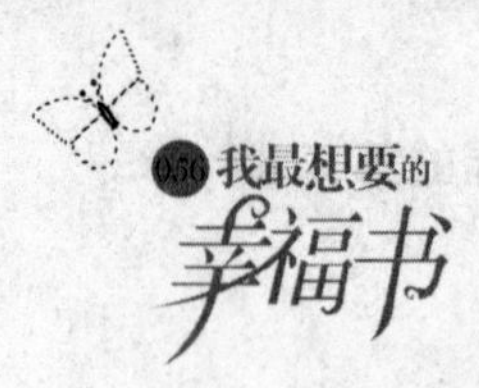

男人不会喜欢娇柔造作的女人，但不会不喜欢优雅的女人，这种气质是装不来的，是由内而外散发出来的。优雅最出色的代表就是戴安娜王妃。她的优雅让她成为全世界男人的梦中情人。她自幼受到良好的教育，懂得各种宫廷礼仪，是个美丽雍容、知书达理、亲和善良的女子。

她的出名，一方面来自于英国查尔斯王子王妃的显赫地位，另一方面来自于她本身的超群魅力。戴安娜王妃婚后的生活并不幸福，因为王子爱上了别人，尽管无论在哪方面王子爱上的人都无法和戴安娜相比，但这一切都并不影响戴安娜成为一个优雅的女人。

戴安娜是王室最受欢迎的成员之一，她善良，有爱心，她探访灾区，为那些受苦的和在病痛中的人落泪，甚至还拥抱艾滋病人，她认为他们最缺少的就是拥抱。

我们也许没有机会像王妃一样做这些慈善的事情，但是我们至少能提高自己的价值。为什么很多男人喜欢狐狸精，为什么很多男人外遇的对象是自己的同事。因为男人看不到这些女人不优雅的一面。当你嫁给他了，你的优雅就只有别的男人能看到了，老公看到的只是你蓬松着头发，穿着睡衣和拖鞋卖力拖地的样子，和你不施粉黛的脸庞以及鼻上的妊娠斑。男人一方面爱着你，一方面又抗拒不了优雅女人的诱惑。而他的女同事会每天光鲜地出现在他面前，就像狐狸精一样优雅地迎接他的到来。

所以，千万不能忽略自己的形象，别在家里和在单位判若两人，粗声地和老公说话，在菜市场大声地和小贩吵架。男人赚钱就是给女人花的，把自己永远打扮得优雅动人，化上淡妆，去超市里优雅地逛逛，即使每日朝夕相对，也不要让老公审美疲劳，认为你是个黄脸婆，优雅起来，不要让到手的幸福轻易溜走。

part 3

一眼捕捉到适合自己的男人

大多数女人都认为嫁老公如同投资，因此睁着一双美目，眼力极好地搜寻“潜力股”，希望捞到将来可以一路飙红的“绩优股”，以备衣食无忧，还可在别人的艳羡中振振有词地忆苦思甜道：“想当初，我和老公白手打天下……”啧啧！想想都爽气吧，与完全靠老公养活的女人相比，不由得就多了几分底气和炫耀的资本。在老公不太“规矩”时，还可声泪俱下地哭诉当初两人的艰苦岁月，只要不是心肠硬得熔炉也融化不了的男人，一般在这个时候都会乖乖就范。那么，什么样的“潜力股”男人才能成功地变为“蓝筹股”呢？

责任，男人的顶梁柱

潜力股男人，天生就有一股为让他生命中的人生活得更好而努力的责任。

记得一次饭局上，一群男人正大谈特谈自己的宏图伟业时，朋友的老公一脸风平浪静。问及他有何打算，他缓缓地说："我平生的最大理想就是让我的家人都过得幸福。"当时就有人一脸不屑，认为此等男人成不了气候。可是，才短短三年时间，这个被认为成不了气候的男人却成气候了，开了三家不大不小的公司，每家公司都呈稳步上升趋势，资产很快逾千万。更重要的是，他在一步步实现自己的理想的同时，并没有忽略自己的亲人。

所以，潜力股男人的首要标准是对家庭有责任感。那种孝顺父母，凡事都能为家人着想的人一定是一个好男人。无论在事业上成功与否，在家里他们都是顶梁柱。

一个有责任心的男人，对国家、社会必定是勇于奉献；对本职工作，必定是兢兢业业；对朋友，必定是以诚相待；对家人，必定是关爱有加；对真善美，必定是赞美与追求；对假恶丑，必定是揭露与鞭挞。一个有责任心的男人，是一个成熟、稳健、值得依赖的男人。他可以不富有，却善良体贴，在面对任何狂风来袭时面不改色，却会为弱者流泪，对世事的把握自有分寸；他可以不善言语,却能从字里行间处处

透出他敢爱敢恨的真性情；他可以不浪漫，却会在他心爱之人哭泣时拥她入怀，会在黑夜中牵她的手领她前行，会在雨中为她撑一把伞，会在寒风中为她披一件带着他体温的衣衫，他可以不强壮，却知道男人该担当的责任，用他那无私的爱，为亲朋好友们撑起一片温暖的天地；他甚至可以多情，但绝不滥情，凡人都有七情六欲，真爱时，他会绕指柔肠，如海深情；不爱,也绝不会拖泥带水，误人误已。

擦亮眼睛，看到这样的男人，千万不要错过，他会是给你幸福生活的那个人。

平淡的男人不平凡

潜力股男人也许看似平凡无奇，但他的内存大，他懂得积累一点一滴的机会充实自己，不断地吸收新的氧料，厚积薄发，以加快提升自我的步伐。即使暂时没有成功，潜力股男人也不会甘心一辈子居于人下，他们总会积极地寻找另外的出口，不断磨练自己，积累各种经验，等待下一次机会的到来，蓄势而动。这样的潜力股男人最具有发展成绩优股的可能。

在才子佳人的校园爱情模式里，蓝婷属于另类。当其她女孩子执著于男友眼前的点点滴滴并为之忧喜悲欢之时，学经济的蓝婷已经将深邃的目光投向未来。

习惯于接受注目的蓝婷，对体育系帅哥的大胆表白、中文系男人的委婉暗示以及校外企业老总的苦苦追求视而不见，却将如水秋波投向建筑系一位名不见经传的年轻教师。完全不是我们认为的那种让人砰然心动的帅哥，或者有飘扬的秀发，吉他声里略带沙哑歌喉的青年……总之，应该符合视觉审美和满足感观需求的一切要素他都不具备。在蓝婷高挑娉婷的映衬之下，其貌不扬的男老师显得更加瘦弱矮小，魅力尽失，令所有人大跌眼镜。

有人在得知蓝婷是在男老师开设的建筑美学公共课上对他一见倾心之后，特意跑去听课，以追寻这一场爱情的缘由。果然，课程很精彩，讲台上的神采飞扬、滔滔不绝又有什么用呢？时间证明了蓝婷的英明。10年后，年轻的讲师成为财力雄厚的房地产公司掌门人。此时，已经没有人在乎他的外貌是否英俊、身材是否高大、笑容是否灿烂。财富和地位造就了一个男人崭新的形象。

作为投资理论最早的获益者，蓝婷永远关注未来。这一在10年前远远超前的理论，如今已经成为所有教导女人的爱情读本里不可或缺的一课。

选择潜力股的关键就是着眼未来，着眼于股票未来的走势和发展方向，不以当下的成败论英雄，不被表面现象所诱惑。外表、长相、身高之类，纯粹是审美意义上的判断，就像股票的名字，好不好听无关紧要。至于他现在从事何种职

业，居于什么样的位置，也仅仅是参考。重要的是才识、胆量、野心之类，这些才是衡量一个男人、一个潜力股能否在未来的某个时间点一路飙升的重要指标。

慧眼识郎君

现实生活中时常会出现一种十分奇怪的现象：甲等女人通常找的是丙等男人，而丙等女人找的却是甲等男人。面对这种现实生活中的无奈，就有人感叹："不知当初那些好男人都跑到哪儿去了？"其实，在这个世界上"好人总比坏人多"，好男人也是如此。然而为什么这些好男人当初都没有被那些好女人们发现，进而让他们"龙配龙、凤配凤"呢？原因其实很简单，只因为好男人当初多是一些"蓝筹股"！

买过股票的人都清楚，有一种股票尽管眼前市值不高、涨幅也不大，看起来十分平常，但这种股票却又不同于一般的垃圾股，而是具有巨大的升值潜力和升值空间的股票，是一种值得大力投资的股票，这就是股票中的"蓝筹股"。大凡好男人，在他们的恋爱时节十有八九就都是这样的"蓝筹股"。他们或是因为年轻事业尚未起步，或是因为家庭出身较卑微不太主动，或是正处于创业之初没有精力将太多的时间花在风花雪月上，或是书卷气尚浓不太修边幅，或是过于诚实不太善于花言巧语，因此他们都没有成为女孩子心目中

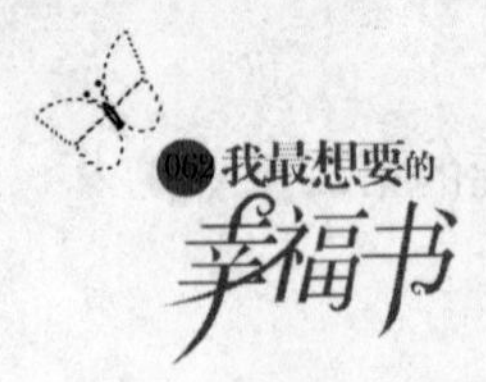

的好男人。正如那些不起眼的“蓝筹股”难以让人识别。

一个女人如何才能从千百个男人中发现“蓝筹股”男人，这是需要智慧和勇气的。所谓“慧眼识英雄”，“蓝筹股”男人一般都不可能张扬，因为他还没有可张扬的资本，但他却肯定拥有常人不能拥有的丰富内涵，比如渊博的学识、过人的才华和处事能力，良好的修养，并且充满活力。这些没有外露的内涵都是需要用“心”去发现的，而一个没有大智慧的女人恐怕难有这样的高瞻远瞩。此外，敢不敢找一个“蓝筹股”男人还需要勇气。因为一个好女人通常其优点和长处都比好男人更容易体现出来，来自家庭“门当户对”的干扰，来自爱情与面包的压力，来自青春很快逝去的恐惧，都会考验即使有这种智慧的女人们的勇气。也许正因为智慧和勇气的两者不可或缺，才让那些甲等女人们在无意中成就了那些丙等女人。

那些亲爱的已婚的女同胞们感叹“嫁错了郎”，如今也就只好将错就错了。然而“前车之鉴，后者之师”，对于暂时还未婚的女同胞而言，一定要睁大你的一双慧眼，要用心去发现属于自己的“蓝筹股”男人！这样，你的人生才会无憾！你才能体会到幸福的真正滋味。

part 4

放过爱，输也输得精彩

爱过，就不要后悔，不要抱怨曾经，失去男人不等于失去爱情，失去爱情不等于失去人生。

当爱离你而去时，一定有很多原因，也许两个人相遇的时候缘分还没到，也许缘分到了你们却还没有准备好。爱情需要互相磨合，如果两个人真的不合适，千万不要因为舍不得或者某些利益关系而维持下去，长痛不如短痛，为结婚而结婚，那是婚姻的定时炸弹，不仅不会幸福，还会在爆炸中伤害彼此！

聪明的女人应当明白，当男人不爱你了，纠缠下去也没有好结果，面对现实，不要输得没有尊严；抑或好聚好散，感情不在了，也要祝福对方以后要幸福！

该放手时就放手

有一种爱叫放手，爱他就成全他，不论什么原因，是对曾经爱过的证明，也是对自己的珍惜。如果还爱着他，应该抱着看着你幸福我就没有遗憾的心态；如果不爱了，那更不需要纠缠下去，让彼此痛苦。

爱没有长短之分，更没有对错之分，失去了你的人，至

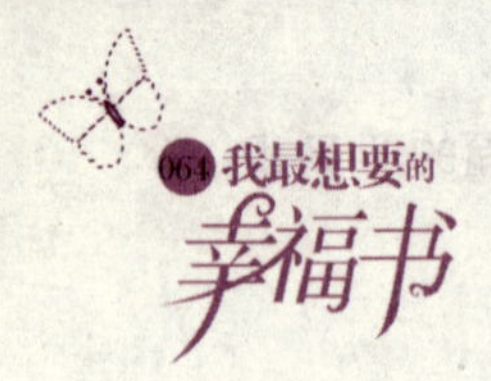

少还能留着我们曾经有过的满满的幸福回忆，这是别人抢不走的。当爱已经不在了，空守是一种折磨，痛恨是一种不舍，只有成全才是心灵的解脱，才能相忘于江湖。曾经爱过，为什么不把这份愉快一直保留到分手那一刻呢，为什么要让悔恨破坏这曾经美好的一切呢？

也许，在这段情中，你受到很大的伤害，你瞎了眼，没看清楚他的为人，不要紧，你还年轻，谁在年轻的时候没有冲动过，谁在年轻的时候没有轰轰烈烈地爱过呢，即使结局不尽如人意，至少我们曾经拥有过。没有过失败的爱情，哪能懂得爱的真谛。你应该感谢他，让你学会了什么叫珍惜，什么叫真爱。

该放手的时候，要懂得放手，这样，才会爱得有尊严，也不会对你未来的生活造成什么阴影。。

葳到了谈婚论嫁的年龄，本来不喜欢他，但是，由于这个男人4年来殷勤的照顾和不计回报的付出，葳选择了他，但是总觉得缺少了点什么。

他说会一生一世对她一个人好。葳曾经感动过，尽管遗憾，也死心塌地。两个人的日子过得风平浪静，这虽然不是葳所期待的生活，但是，时间让她习惯了他所能给予的平淡。

她常常想，她点头的那一刻，也许是看上那一份安心吧。他低调，才貌一般，这样稳定的生活，也算安心。

突然有一天，他说，我们分手吧。葳听完这句话很平

静，不解的眼光，盯得他低下了头。他说，自己有了另一个女人，那女孩十分爱他，时刻需要他，离不开他。他说，他没有兑现自己的诺言，对不起。

葳静静地听着，不说话，待他说完，转身走开。一个月来，他们进进出出的，谁也不搭理谁。他一有机会，就盯着葳的眼睛，想把葳看透。这个女人太平静了，根本看不出喜怒哀乐。

终于有一天，他喝醉了，哭着说道，他其实没有别的女人，只想试探一下葳，看看葳为他紧张的神情，他只想知道，他在葳心目中的地位。他说，他很讨厌这种不对等的爱……

他流着眼泪向葳诉说自己的苦闷，他以为葳会为他流泪。但是，他失望了。

葳很冷静，很坦然，一句话也没说。把苦水吐完之后，他说，这次真要走了。葳没有挽留他。葳知道，只要她开口，他一定会留下来。

他走了。葳什么都没说，她知道自己不应该太自私，她已占有过他，但那不完全是爱，既然自己的心都给不了他，就让他走，寻找属于他的天空。

葳没有送他，站在窗前，目送他远去。她心里有点痛，但是，更多的是宽慰。葳觉得自己是幸福的，能和他相知、相遇、相爱一场，这本身也是一种缘分。

让时间抹去所有的不愉快，忘记过去，不要计较失落的脚印，拨开困扰，敞开心扉，在未来的日子里，多一份潇洒，多一份从容。

有过伤害的痛苦，也有过欢欣的快乐，都在你们牵手走过的历程中镌刻于心，或许，这也是你爱情路上一笔最宝贵的财富。

放弃是一种新的开始

有些女孩，明知道心爱的人不爱她了，还苦苦纠缠，甚至用过激的手段，以摧残身体的代价，换来一句怜惜的安慰。

因为他觉得你可怜，来看你了，然后，又转身走了。或者他根本就不会在乎你的死活，不爱了就是不爱了，走的决绝，你那幽怨的眼光，干嘛还依然不停地寻找他的身影呢?

也许他有了新欢，你死不承认，想以自己的坚贞，感化他再回到你身边。

然而，你错了，男人害怕看到那双幽怨的眼睛，讨厌你烦着他。你这样做只会让他消失得更快。男人已经有了自己的新生活，也许真的有那么一个女人比你更适合他，也许他只是厌倦了这种生活，想要逃离，总之他有一大堆想要离开你的理由。他既然不爱你了，离开你是天经地义的事，站在他的立场看，你也不会跟一个自己不喜欢的男人在一起。

当男人不爱你了，不要苦苦纠缠，要学会放弃，即使内心的伤口鲜血淋漓，也要懂得收回自己的感情，最大的难题不在于你是否能跳出这段情感，最可怕的是你因此懦弱了，失去了爱的勇气，开始怀疑这世间到底还有没有真爱，毫无疑问这是天底下最可怕的事。

舒26岁那年认识了那个男人，他是第一个让舒鼓足勇气去爱的男人，尽管知道他有一个相处两年多的女朋友。

开始舒只是迷恋，后来发展到无法自拔，她也不知道将来会怎么样。男人说一定会和女友分手娶她，但是要给他时间。

一次，他离开了一个星期，原因是女友因为分手要自杀，他要去解决这件事情，解决完了就回来娶她。舒不想这样沦陷，一次次试图离开他，又一次次被他哄了回来。

他回来了，说看见前女友满脸泪痕、痛苦不堪、日渐消瘦时，他心软了，他对她有责任，于是又回到了前女友身边。

舒被这段感情折磨得欲罢不能，肝肠寸断。

一年后，这个男人跟前女友结婚了。舒还是不愿意放弃，暗地里继续与他来往。她天真地以为终有一天，他会撕掉那一纸婚姻，回到她身边。在一起的时候，她对男人哭诉，每个节日，每个夜晚，她都守着孤独和寂寞一个人流泪。

其实，当爱已受到伤害，当一切已经没有挽回的价值，就不要再固执下去，你的行为伤害的不仅仅是自己，还有另

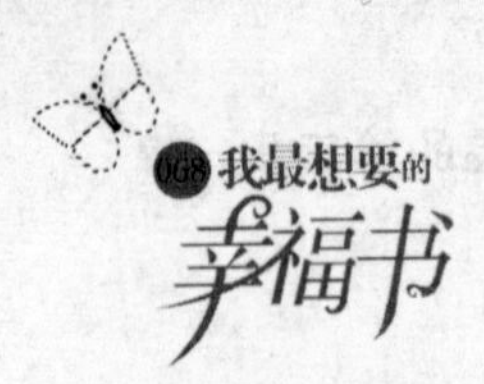

一个女人。可恨的是这个男人，可怜的人为什么还会如此执迷不悟呢，正因为你被他的谎言迷惑了内心，才不能清醒地看到事情的本质。他不是你真正想要的男人，你当初身在其中，迷失了自己，被爱所迷惑，看不到他以外的东西。好男人很多，真爱你的人不会让你独自流泪。

爱情不是生活的全部，还有很多事情可以填满你的心灵，不要在一棵树上寻找食物，整片森林等着你去探寻。

当你在爱的泥沼里站起来，回首往事，恍然大悟，这个世界上有很多优秀的男人，也许他已经默默地在身边关注你很久了，只是你忽略了他，上帝一定会为你打开一扇门，给你一份属于自己的爱情，在冥冥中安排你与他相遇，一起幸福地生活到老。

绝不凑合着嫁掉

工作几年后，由于世俗的困扰，你是不是觉得太累了，想找个臂弯停一停、靠一靠？或者，你是不是太苦闷了，想找个爱人倾诉？再或者，你是不是觉得自己很孤单，虽然有不错的住房，但是，心里仍感觉无家可归，一直在流浪？

……

于是，你萌发一个从来没有过的强烈愿望，我要结婚！

在这种情况下，你一定要冷静下来，最好想一想你认识的那些已婚女人包括你的母亲，她们的婚姻是否仅仅是为了

“停一停、靠一靠”，或为了“倾诉”，为了心灵不再流浪。

事实上，婚姻并不像你的情绪那样说来就来、说去就去。你觉得“累了、闷了或流浪了”就想结婚。

你想过没有，婚姻也有烦闷、有不快乐、有劳累过度的时候，如果遇到这种情况，按你的情绪逻辑，赶快逃离婚姻就是上策。

千万不要因为想结婚了，而凑合着找一个你并不了解的男人结婚，为完婚而结婚，幸运的话，你可能幸福一生；若不幸的话，痛苦和悔恨也是一辈子。

晴是个独生女，父母视她为掌上明珠。在她26岁那年，认识了一个在机关工作的小科员，他经常带晴出去吃饭，AA 制。他人很木讷，但是对晴很好，晴觉得跟这个男人在一起挺踏实的，因为已经到了谈婚论嫁的年龄，相处了一段时间后，晴答应了这个男人的求婚。

晴的老公生在农村，在城里没有房子，他们结婚后只能住在简陋的公房里。婚后，男的经常不在家。在晴看来，他总有忙不完的事。更郁闷的是，晴根本不知道他拿多少工资，婚后也一直不交生活费给晴。两个人性格不同，完全没有很好的交流。

因此，男人每天都在外面忙，甚至住在单位，晴就回父母家，在父母身边，晴有一种解脱的感觉。

晴说，我们买房子吧。他说，我没钱，除非你爸妈帮我们买。

晴哭笑不得。后来，晴的父母真的给他们买了一套房子。父亲想把房产证写上晴的名字，她死活不肯。她对这段婚姻失去了信心，一点把握都没有。

后来晴怀孕了，可是她不想要孩子，这段时间以来她对他失去了信心，她甚至不知道为什么两个人的关系就变成了这样，她的心里萌生了离婚的念头。

母亲知道晴的想法后，神情凝重，对她说，我和你爸就你这一个女儿，你没有兄弟姐妹可以依靠，也没有什么人让你值得去信任，如果哪一天我和你爸都不在你身边了，你找谁依靠？你把她生下来，以后，你身边至少有一个人陪你，有人跟你说说话……

因为妈妈的这句话，晴决定把孩子留下。可是老公的态度依然没有什么转变，这种沉默的冷暴力好比万箭穿心，要不是为了父母，为了她妈妈的那句话，她真想什么都不要了……

为了结婚，不明白婚姻为何物，就踏进了围城，这是最不明智的行为。晴对婚姻的理解就是嫁给一个男人，不知道在婚姻中自己想要什么，也没想过这个男人是否适合自己。

如果结婚只是觉得自己年龄不小了，该嫁人了，凑合嫁吧，彼此没有感情，为结婚而结婚，不是为爱而结婚，那么，这样的婚姻根本就没有幸福可言。两个人空空洞洞在一起，没有生活情趣，这种婚姻，谁都没有信心经营下去。

第3章

好命女人的幸福密码

幸福并不是漂亮女人的专利，是每个女人都有权利拥有的。有意思的是，越漂亮的女人幸福指数越低。倒是那些长相一般，或姿色中上的女人，更善于运用自己的资本，潜心修炼、用心经营，是幸福女人中的极品女人。她们有自己独特的秘籍，破译了幸福的密码，开启了幸福的大门。

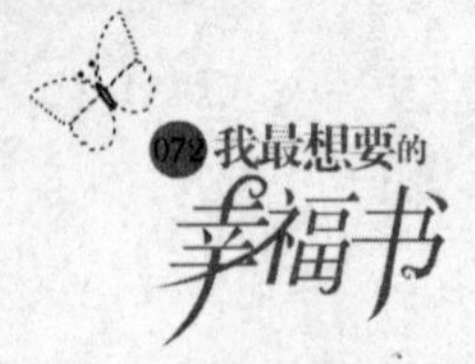

part 1

笑对人生——幸福之城的通行证

女人一生中最重要的事情是什么，无非就是美丽和幸福。

每一天、每一分和每一秒，都能感觉到幸福，这样的人生就无憾了。

如果你现在不幸福，是因为你心中燃烧着愤怒，装满了抱怨。女人的美丽不仅在于表面，怀抱一颗宽容之心，包容对方的缺点，尊重他人，尊重自己，有一颗善良的心。那么，世界也会给你同样的回报，你的美丽，就会由内而外地散发；得到的快乐，也会越来越多，幸福感自然越来越强。

读懂男人，为自己寻找快乐

很多女人把自己的喜怒哀乐维系在男人的身上，男人苦闷，她以为是因为自己做的不好；男人高兴，她就认为自己得到了回报。其实，男人和女人的思维完全不同，不要用女人的思维来分析男人，否则你的生活一定不会快乐。

有这样一个笑话：一对情侣逛街，男人一直闷闷不乐，一路上都不说一句话。女友没有追问，以为一定是自己哪里做错了。她等待着男人的解释，可是没有，男人回家后，只

是坐在电脑前发呆，或者打游戏，根本没有解释的意思，女人想:他为什么生气呢？没什么值得生气的事情啊。女人怎么也想不通，最后她得出一个结论，男人有外遇了，于是她在屋子里哭得死去活来。她和男人大吵大闹，几乎到了要分手的地步。

晚上，男人开始写日记：妈的，意大利竟然输了。

你是不是觉得很可笑，一个足球队的输赢让男人郁闷了整整一天。每个男人都有自己的死穴，不要去碰触他，任他去吧。这个时候你不妨为自己找点乐趣，看看电视上上网，找女朋友聊聊天，等男人心结解开了，会主动找你的。

人无完人，如果你发现男友或老公的缺点，别大惊小怪，或急于改正它。要知道，男人只有在自己心爱的女人面前，才会无所顾忌地暴露自己的弱点。

因为他深爱着你，无须伪装自己，而是把自己的本色全部暴露在你眼底，你应该心存感激。这时候，你不要抱怨，应该理解他，包容他的这些缺点。

如果你不能做到这些，也就没机会触摸到他骨子里面的东西。那对于你了解他，和你们今后的快乐生活可是一大致命的障碍。

笔者有一个朋友，因为丢了工作，搬到女朋友的租房一起住。白天，除了做好家庭妇男外，他闲着没事就用女朋友的电脑上网找工作。

因为很多天一个人闷在家里，实在无聊，一天，他出门买了一张DVD准备看看电影。晚上，女友下班回来，什么话也没说，径自走进电脑前，上网查看历史记录，并审问他一天在干吗。当她知道他看了电影，立马生气，板着脸，指着他的鼻子大骂：“你太让我失望了，你是不是男人？不好好找工作，还有心思玩，I服了YOU……”

这实在不是一个聪明的女人，推己及人，哪个人失业后不着急呢？为一点鸡毛蒜皮的小事就大闹，男人的自尊心受不了，女人也闷闷不乐地生气。后来，男人实在受不了女友这种态度，趁女友上班，自己悄悄搬走。

其实，男人跟女人一样脆弱，一样需要安抚，需要包容。何必为一些不值得的事闹得大家都不开心呢？如果你懂得包容他，当他在外蒙冤受屈，或生意亏本，才会迫不及待回到你身边，接受你的抚慰，拂去沮丧的心情，重拾自信。

男人也需要理解。女人烦了就哭就闹，美了就乐就蹦，你撒娇你任性，想什么时候折腾就折腾……既然男人能体谅你的情绪，理解你间歇性的神经病，包容你美其名曰：我每个月都有那么几天情绪不好，亲爱的……那你为什么不可以包容他呢？

有时候男人比女人更需要理解，很多女人就是因为不懂得男人的心理，总是胡乱猜疑，做出那些让男人厌烦让自己后悔的事情，导致劳燕分飞。男人需要空间，你就给他；男

人需要安慰，你就软声细语地安慰几句；男人压力大脾气不好，你就不要理直气壮地责问有脾气凭什么跟你发了。女人需要有人懂，男人更需要。

读懂你的男人，才能让两个人的生活更快乐。

即使面对面 也要保持手牵手的距离

每个人都有不能说的秘密，即使你们是最亲密的爱人。两个人相处，不仅仅在心理上要给另一半留空间，在生活上，也要保存自己的神秘感。即使你们已经亲密无间了，你也不要在老公面前公然赤裸着身子走来走去，或者蓬头垢面地显露出自己最邋遢的一面，甚至上厕所不关门，这些都只会让你的老公对你失去探索的欲望，导致两个人真的像左手摸右手那样对对方失去了感觉。

还有许多女人喜欢刨根问底，尤其是对于男人过去的那些情感往事。大家都是成年人了，谁能说没有过去。男人不想说的或不愿公开的事，属于他的隐私，应该允许对方有自己的私人空间，这是一个女人最明智的做法。

谁不想拥有一片晴朗的私人空间，即使跟人相处，每个人都希望自己的心灵始终是自己的，可以自由放飞。女人之所以不能让自己的男人心灵自由放飞，一个重要的原因，就是占有欲作祟。女人的占有欲要比男人的更强大，男人的占有欲来的快去的也快，有时候只体现在攻占那片领地的时

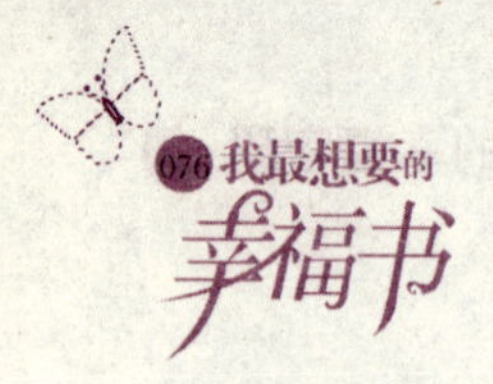

候。当战争结束，男人的占有欲也会随着时间的推移而慢慢变淡。女人不一样，女人的占有欲就像是铁锈，慢慢地腐蚀，直到完全将你吞噬，男人根本就没有抽身而退的机会。

在女人看来，男女之间既然真心相爱，就要真诚相待，信任对方，心不设防，保留个人隐私是感情不专一的具体表现，因此，她们不但把自己的家藏全部翻出来“晒”给男友看，而且，也强迫男人必须效仿、跟进，不允许他有半点属于自己的私人空间。

两个生活背景、文化修养和个性特质不同的人，走到一起，相当于两个交叉的圆，交叉部分是夫妻之间共同的生活领地，而不重叠的部分就是各自保留、享有的私人空间，虽然对方可以拥有，但是绝对不能占有。如果一个人不论是肉体还是精神，都被另一个人填满了，那两个人的生活多半是不幸福的。

有一位已婚男人，某一天遇见自己的初恋，此时情思荡漾，一种强烈的占有欲望在心里绞扯着，使他心情恍惚，责任与诱惑折磨着他，他挣扎着……

只有傻瓜才会把这种事情告诉他的女人，也只有弱智的人才会认为把这件事告诉自己的女友，是坦诚相见的表现，是两人相爱的证明！话说回来，女人是最自私最敏感的，即使她平时是个识大体、明大礼，懂得宽容的女人，也不会接受你关于感情的任何说辞。越是优雅的女人越受不了，她认

为你的精神已经出轨了，这是这个家庭最大的事。

如果某一天，女人与男友坦诚相见，把自己过去的恋情经历告诉现任男友，并“浪漫”地渲染一番，难保你的男友不会马上醋意大发。即使他很大度什么也不说，也会在未来的日子里不断地猜疑，怀疑你的真心。在这种心态的支配下，争吵、打斗在所难免，原本幸福快乐的生活变得一塌糊涂……最后，爱情亮了红灯。

任何一对看起来恩爱、“亲密无间”的恋人，只是一种表象，真正懂得经营爱情的情侣，他们遵守“亲密”也该“有间”的原则。他们认为，夫妻之间应该是拥有而不是占有，懂得适当地保留自己的隐私。

双方都有自己的私人空间，尊重对方的隐私，保持距离感，距离产生美，不要让对方审美疲劳，认为你没有值得他再去研究的地方，要永远保持新鲜感，一生吸引着对方，这样的婚姻才是幸福美满的。

爱也要爱得有尊严

一个端庄、落落大方的少妇，一定会博得男人尊敬的目光；一个打扮入时、举手投足优雅的漂亮女孩，一定能获得男人回眸的眼光；一个衣着时髦、却被别人“包养”的女人，尽管她身上散发着珠光宝气，也不会获得众多男人的欣

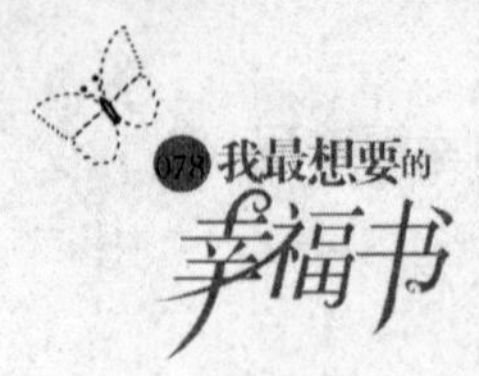

赏，更多的是不尊重和亵渎。

一个各方面都很优秀却不懂得尊重自己的女人，不会得到真正的幸福，即使爱一人，也要爱的有尊严。

有的女孩子明知道男人家里有妻子，也许是因为爱，也许是因为迷恋，也许是因为金钱，只要那个男人到宾馆开房约她，她马上赴会，每次在房间里“偷情”完毕，独自走在回家的路上时，她都痛恨自己，发誓下次一定不再去了，可往往到了那个时候又不能控制……

你可以说自己是为了爱，但男人不这么认为，他可能表面上尊重你，但是，心底里压根把你看成是一个“性玩偶”，甚至是“贱货”。

女人最核心的资本之一就是懂得尊重自己！只有尊重自己，你才会想着如何呵护自己，身边的人也会因此关爱你的。

日本著名影视歌三栖女明星山口百惠，为了表示对妻子这个角色的尊重，从家庭的利益出发，选择退回家庭，相夫教子，会有人不尊重她的行为吗？不会。所以她的生活一直很幸福。

通常人们都会认为，男人是家庭的支柱，而女人对家庭的付出也是一种奉献，也应该得到尊重。这种尊重不但是情感的，精神的，也是物质的。对于全职主妇来说，不要认为你没有为这个家庭带来收入，你就要卑躬屈膝于你的丈夫，

凡事都要矮他一截。男人女人各有各的职责，男人都没有因为自己不会生孩子而内疚，你又何必为自己不能修好家中的马桶而自责呢?

很多女人因为有过去，在爱情和婚姻中失去了尊严，觉得自己对不起他，既然他肯接受自己，就要为他做饭，给他洗脚，甚至满足他种种不合理的要求。一旦男人认为她做的不好，动辄大声吼叫，拳打脚踢，女人只有默默忍受的份。要明确一点，你是他的老婆，不是他的保姆，即使你真的有过什么那也是过去的事情。很多男人都喜欢拿女人的过去说事，既然接受一个人就要接受她的全部，有过去不是女人的错，哪一个人在恋爱的时候不是全新投入的，不要因此而迁就男人，让自己活的没有自主权，爱的没有尊严。

很多人认为，一个女人依靠自身的努力获得的幸福是暂时的，是阶段性的，而不是永久的归宿，对女人而言，只有嫁给一个好男人，一生的幸福才有保障。错误的说法，女人的幸福掌握在自己手中，即使好男人，也需要你去改造；看似幸福的婚姻，也需要用心经营。男人本身不能带给你什么，只不过是你通往幸福道路上的一个坐标，能否顺利驶过，就看你的驾驶技术如何了。

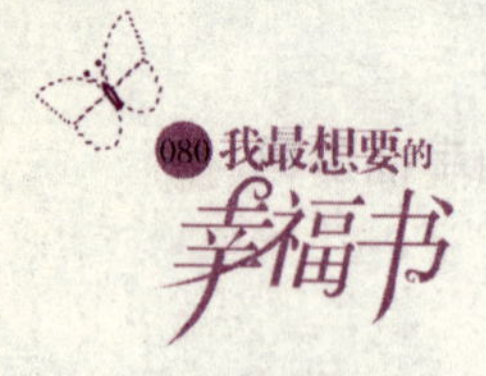

part 2

自尊自爱——女人幸福一生的资本

生活在当代的女人是幸运的。这个社会赋予了女人自尊自爱的权利，女人们可以凭着自己的实力生活，有尊严地生活。不像在旧社会，即使你有这个能力也没这个机会，只能任由别人践踏你的身体和自尊，因为你没有养活自己的能力，没有可以反抗的资本，你只能留在家里乖乖地伺候男人。

所以，女人要珍惜今天的生活，维护自己的尊严，为拥有幸福美满的人生而努力！

女人要自尊自爱

女人，是美丽的，也是脆弱的；是安静的，也是不甘寂寞的。

现实社会，金钱的诱惑让很多女人抛弃本能的生活能力，走进让男人包养的世界，回归了封建社会的传统。更有女人为了金钱甚至不惜出卖自己的感情和色相。你有钱，那么即使你是年过半百，和自己的父亲同龄的老头，我也会以爱的名义嫁给你；如果你是老外，只要你能给我绿卡，我就可以把肉体献给你；你是知名的导演，愿意捧红我，那么我

就敢脱……为了出名，为了金钱和随之而来的看似耀眼的光环。兽兽门、性爱视频、曝光艳照，女人已经完全抛弃了自尊，反而引以为荣，尽管她们得到了想要的瞩目，而这背后失去的是作为一个女人的尊严，这是一件多么可耻的事情。为什么如此龌龊的事情居然能让这么多人瞩目，观看者抱着一种怎样的心态，是一种对女性自尊的践踏和侮辱。

为了虚无缥缈的东西，将最重要的自尊践踏换取金钱，并不是一种理智的做法。有很多女人为了金钱不惜插足别人的家庭，还堂而皇之地认为自己更配得上这个男人，这个男人更爱自己。其实除非是特别没有良心的男人，否则哪个男人都不会轻易抛下自己的结发妻子。他们对你甜言蜜语，无非是看中了你年轻的身体，你肯付出青春，是因为你抵御不了金钱的诱惑或者那种香车别墅的生活。为了得到这些，有些女人甚至不惜以怀孕作为要挟，出卖自己的身体真的是一件那么值得炫耀的事情吗?

为了金钱出卖自尊的女人大有人在，为了感情付出一切的女人也不少。男人不爱你了，就是不爱了，何必放下尊严去乞求这样的爱情呢?即使乞求到了，得到的也只是一个践踏你尊严的男人而已，他不会尊重你的情感，因为他根本就看不起你。分手，就洒脱地说拜拜，或者祝福对方过得更好，或者甩背叛的他一个耳光，然后转身离去，永远不要回头。

女人一定要自爱，问心无愧，快乐健康地生活。看很多女孩子为了男友年纪轻轻就不停地打胎，如果他爱你，不会让你受这样的苦。如果你真的承受不住禁果的诱惑，也一定要爱惜自己的身体，做好防范措施，只有有一个健康的身体，才能有活下去的动力和勇气。

女人只有自尊自爱，才有享受生活真谛的权力，如果你真的遇人不淑，那么也请保护好自己；如果你想活出自己的价值，那么请抬起头来做人，跟懦弱说再见，找回自己的实力，跟依赖说后会无期。相信找回自信的女人，一样可以创造阳光灿烂的明天。

女人只有尊重自己，别人才会尊重你；只有自己爱护自己，别人才不会伤害到你。

自尊让你赢得优秀的他

即使你出身卑微，即使你收入低下，即使你只是一个不起眼的小女孩，但是只要你是靠自己的双手吃饭，活得坦坦荡荡，你就活的有尊严。

不要把一些虚无的东西当成衡量自己的标准。要记住，爱人之间是平等的，不要因为你收入低就低他一等，也不要因为你出身贫穷就要受他颐指气使。无论沦落到何种尴尬的地步，不论命运之神如何捉弄自己，都要维护自己的自尊，

也许最后你身上最宝贵的东西就是这点自尊了。但这里所说的自尊并非是大女子主义，女人在保护自己自尊的同时也要维护自己男人的尊严。保持一颗平常的心态，微笑着生活，做生活的主人。这样，两个人的生活才能幸福。

读过《简爱》的人都知道，简·爱与罗切斯特之间一波三折的爱情故事，其主题就是赞美简·爱为维护自己尊严，始终不肯向命运低头的高贵精神。

简·爱从小父母双亡，过着寄人篱下的生活，姨妈的嫌弃、表姐的蔑视以及表哥的侮辱和毒打……她的尊严受到无情的蹂躏，但是，她始终没有向命运低头。

在罗切斯特面前，她并不因为自己是一个地位低下的家庭教师而感到自卑，也不因为自己是个仆人而感到惭愧——她正直、纯洁，心灵干净得如纯净透明的水，没有世俗的污流。罗切斯特被她感染了，并为之震撼！于是，把她当成可以倾心交谈的朋友，尊重她，平等待她。后来，罗切斯特慢慢爱上了她。罗切斯特真心的爱感动了简·爱，她接受了他。在他们决定结婚的时候，简·爱发现罗切斯特已有妻子，她悲伤欲绝，决定马上离开他。

她对罗切斯特说："我要遵从上帝颁发世人认可的法律，我要坚守住我在清醒时而不是像现在这样疯狂时所接受的原则，我要牢牢守住这个立场。"

这是简·爱告诉罗切斯特她离开的理由。因为她深爱罗

切斯特，她不能忍受被自己的爱人欺骗，更不能接受自尊心受到自己的爱人戏弄……

尽管心里可能会有一丝小小的自卑，但是简·爱赢得了爱人的尊重，没有尊重，就不会有真爱。

当今社会，每个人都疯狂地渴望发财，残酷的社会现实，飙升的房价、昂贵的房租、朝九晚五的压力生活，使得很多女人歪曲了爱情的实际含义，淹没在爱情的俗世洪流中，甚至不顾人格和尊严受损，委屈自己，在穷与富之间取舍，向金钱低头。

努力嫁入豪门是当今女孩爱情尊严受污的铁证。找一个你并不爱的富男人，这种态度本身就不自重，因为你不尊重自己的感情，既然如此，你也别奢望你的富男人尊重你，LV包包和过亿豪宅不是每个女人都有资本消受得起的。

真正幸福的爱情，是一种返璞归真的状态，是一种追求全心付出的感觉，是一种不计得失的心态，更是一种找到尊严感的人生态度。它如一杯纯净水，能净化两个人的心灵回归平淡，快乐而简单。

给男人面子就是给自己幸福

在男人的理论中，女人爱面子就是虚荣，如莫泊桑的小说《项链》中的马蒂尔德夫人就是一个例证。为了自己虚荣的面子付出了一生的幸福。

其实，当今的男人，由于爱面子所承受的苦，不比马蒂尔德夫人少。男人为了名誉、地位、票子、房子和车子等，可谓绞尽脑汁，每一份收获都来之不易。看着自己心爱的女人华衣美食，披金挂银，他多累都值得了。所以，作为女人，当和男人一起出去的时候，不仅要在装扮上维护你老公的面子，更要在里子里给足男人“面子”。比如在他的朋友面前奚落他、讥讽他，和他发脾气，他说一句话你顶两句话，处处表现出自己当家的架势绝对是蠢女人的做法。

很多时候，正因为男人爱面子，才激发出无穷的力量，明知道前面是“雷区”，却无所畏惧，勇往直前，才能有今天的成就。

一个很爱面子的小企业老板，由于资金严重不足，资本运作出现问题，经营起来十分艰难，但是由于他爱面子，怕被同行瞧不起，于是他倾尽自己的财力，买了一辆名牌小车回来，给自己装整“门面”。而实际上，他是一个开着小车到处跑的“穷人”，经常为加油犯愁，偷偷躲在某个快餐店吃盒饭……

然而，又有多少人知道他的“底子”？人们看到的是他“风光”的一面，他的“实力”，累积起来的知名度。他用“拆东墙补西墙”的手法为自己“争取”了信誉，也就是因为这点面子，有人敢贷款给他，跟他合作做生意，几经努力，他终于成为了一个名副其实的老板。

假如你是这位小老板的女人，你不理解他的心思，觉得他这样做不可思议，当你觉得郁闷时，跟亲戚朋友说，他真的疯了，工厂没钱进料，快要停工了，却买车充“大款”，开着车到处显耀，打肿脸充胖子，我怎么撞上这个倒霉鬼？

结果会怎样呢？经你这么一说，又经谣言传播，你一定会把他的“好事”搅糊，后果不堪设想。

你也可以假设另一种情形，这个女人极力阻止男人买车，说出一大堆理由，无非是指责他，你的面子值多少钱？不要这么虚荣好不好？难道有了车就能帮你解脱困境？

也许买不起车子不是最重要的，重要的是你的言行已经严重打击了他的自信心，伤害了他的尊严，他会觉得自己很没面子。

再假设一种情形，你是个善解人意的女人，你对你男人的决定表面上充耳不闻，守口如瓶，暗地里默默支持他，为他祈祷，并祝愿他心想事成……

三个女人的不同态度，衍生出不同的结果。聪明的女人不但要维护自己的尊严，也要维护自己爱人的尊严，当你的爱人“顶天立地”了，你才享有真正的幸福。

当你看见邻居某个男人的女朋友开一辆名牌小车回家时，你揶揄自己的男朋友，这辈子别指望你赚钱买车了，凭你的能力，能撑起我们未来的家就不错了！

尽管你说的是事实，但是你是否知道这样已经伤害了

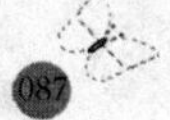

他。如果你说过类似的话讽刺你心爱的人？你现在跟他道歉还来得及，否则他真的会按你诅咒的方向发展哦。

有一对年轻情侣，他们在北京谋生，男的赚钱不多，除了参加各种学习班之外，所剩无几，家庭开支几乎全靠女的来支撑。时间一长，女的心生怨气，只要不开心，就拿男朋友开涮，她说，什么时候能花你的钱，我也是女人啊，为什么我的命跟人家不同，都是男人赚钱养家，我这辈子倒霉啊，找了你这个不中用的主。

她不仅在家里念叨，也跟圈内的朋友诉苦，弄得她男朋友非常尴尬，十分失意，后来彻底颓丧了，自暴自弃，酗酒成性，成了一个酒鬼。

人生不如意十有八九，你认识他的时候他上进、勤奋，为什么会变成今天这个样子？好女人是一所学校，可以培养男人。笨女人就只会辱骂男人，让他们彻底沦陷。

因为你没有顾及他的尊严，伤了他的自尊心。你不明白，男人把自己的面子看得比生命还重要，在男人眼里，没有面子如何在社会上“混”？男人宁愿回家给你洗脚也不愿意在外面被女人讽刺。你可以讽刺他不够帅气，但你决不可以嘲笑他没有赚钱的能力，或暗示他性无能。

男人在社会上拼搏，努力“装饰”自己的面子，也希望家人——尤其是自己的女人顾及他的面子，得到她的肯定。这样，他在外面说话、做事就有底气，哪怕“打肿脸充胖

子”，他也会死撑，使自己以“阳光灿烂”的面貌出现在别人面前，自信十足。

当一个男人充满自信的时候，成功的几率就会增大。

男人跟你在一起时，因为他宠爱你，很多事会迁就你，甚至表现为怕你，在你面前他很不要“脸”。但是，在公众场合，他依然是个顶天立地的男子汉，他需要面子，所以，你千万不要当众指责他如何无能，诋毁他的人格，你要做的是给足他面子，维护他的尊严，让他像个男人，可以自我做主。

所有男人都不喜欢自己的朋友说他是个“窝囊废”，是个怕女人的男人。如果你在外面没有遮掩地说男友的不是，甚至说得一无是处，他的面子就没地方“搁”了，这样的杀伤力足以把他击倒。外人无论怎么说他，他可能不服气，会跟人家争执，而你说他就不同了，如果你经常说他没用，久而久之，他有可能认为自己真的没用了，于是自暴自弃，自卑自艾，不求进取。那最终倒霉的人还不是你吗！

聪明的女人，总是极力维护男人的尊严，并以“美丽的谎言”和一些“假动力”激励男人扬起风帆，破浪前进，重振雄风。男人成功了，你们的幸福生活才能一帆风顺地开始。

part 3

温柔——幸福人生的秘籍

温柔的女人，是男人的最爱。温柔是女人的天性，伊始就散发着温柔的气质，她们天生细腻的心思、关切的话语，无一不体现出她的与众不同。

女人的温柔是一种风骨，它不仅是表面上的“温文而雅，柔情似水”，更重要的是“善解人意”。无论是饱含深情的羞涩一瞥，还是嘻笑怒骂的细语娇嗔，抑或粉拳相向，都恰到好处诠释着女人的温柔。

从古至今，男人都喜欢温柔的女人，那是男人骨子里的一种偏爱。

就像女人天生喜欢阳刚的男人一样，男人也天生喜欢温柔的女人。一阴一阳，才能相生和睦。如果说阳刚是男人的本色，那么，温柔则是女人的本色。

女人如果不够温柔，欠缺女人的本色，相对而言，就得不到更多男人的青睐。越是阳刚十足的男人，越喜欢柔情似水的女孩。

妩媚女人，男人的致命诱惑

一个女人不管在办公室还是在公众场合，她跟对方说

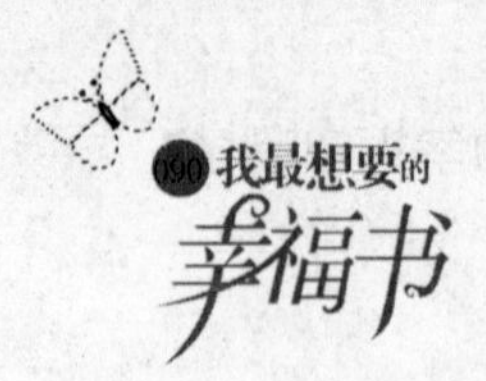

话，除了让该听的那个人听到之外，她上下左右的同事都听不见她的声音，她说话柔声细气，动听而亲昵……

当男朋友为她掏腰包时，她会这样说："最近工作很辛苦吧，不要乱花钱了！"当男友为她做一点点用力的活儿时，她会疼爱地抱着他说有他真好……

这就是妩媚女人的温柔，这种妩媚，是骨子里散发出来的，是发自内心的自然流露，想装也装不了。

女孩在初恋时之所以可爱，乃是妩媚的温柔所至，它缘于对爱情的羞涩与朦胧，是对未知世界的憧憬，更是一种患得患失的情怀。

第一次跟你倾慕的男人牵手，满脸红晕，心在狂跳，却默默无语地静静感受这一切；男友第一次吻你，闭上双眼，颤抖的睫毛透出你此时的紧张……很多男人喜欢清纯的女孩，就是贪恋这种柔柔的妩媚，纯纯的温柔。

然而当女人用心体验过一段爱情经历之后，因为曾经将内心那份温柔奉献过，多多少少读懂了男人的心，也看淡了世事，心态会有所改变，这时，女人的温柔与妩媚，又展现出了另一种风韵。

温柔的女人一定有妩媚的风情，但是妩媚的女人却不一定懂得温柔的美丽，那是一种魅惑。

带孔的丝袜、赤裸的大腿、红色的高跟鞋、低胸的晚礼……如今男人对于妩媚的含义已经流于俗表。妩媚也就成了

风骚、性感的代名词。那旗袍下凹凸有致的身材、回眸一笑的暧昧，成了对男人致命的诱惑，妩媚也就变了味道。

但即使是被妩媚所吸引也只是暂时的，男人心底深处更多的是对那份温柔的眷恋。也许有一天他会忘记那个曾经和自己缠绵悱恻的妩媚女人，但是他绝对不会忘记回家后那一杯温热的牛奶，一句贴心的话语。

所以，每一个心中有爱的女人，都不要放弃对温柔的坚持，冥冥中一定有一个人在期待你这份柔情。

阅历了俗世洪流之后，你就会明白，妩媚代替不了柔情，妩媚是一道利剑，可以快速攻破男人的防线，柔情就是毒药，慢慢渗透到男人的心里；妩媚可以取悦男人，但经不起岁月的折腾，很容易令男人审美疲劳，而柔情则是男人永恒的需求。

于女人来说，如果不是为了取悦男人，妩媚真的可有可无；唯有内心那份温柔与恬静，能幻化成更醉人的妩媚，吸引男人，并让男人心甘情愿为你付出真心。

温柔是最有效的进攻武器

在我们女人眼里，通常看到帅哥配丑女会很愤慨。转念一想，她一定有能吸引他的地方。不是每一个男人都愿意娶一个骄傲的花瓶回家，只能摆设，毫无别的用处。

人们常说“女人是因为可爱才美丽，并不是因为美丽而可爱”。女人可爱在什么地方呢，不是说话像小女孩一样，头上戴着kitty猫的发夹，穿着粉色的学生装就是可爱了。一个偶尔任性的女人可以可爱，一个善解人意的女孩也是可爱，一个会讲笑话逗你开心的女孩也很可爱,一个温柔的女孩更是被男人们看做可爱。

是的，很多女人都知道温柔、贤惠、容忍的力量，温柔就像冬日里的阳光，能感化男人的心。但是在现实生活中，又有多少女人懂得使用了自己的温柔武器呢？实际上，也许是因为社会环境的原因，现在大多数女性都失去了原本温柔的本性，她们自小独立受宠，喜欢的东西就一定要独占；她们事业为重，在外面和男人争夺天下，做事雷厉风行，对待男人经常是颐指气使的态度；她们现实、多疑，活生生地把自己心爱的男人，推到另一个女人的怀抱。

要知道，只有愚蠢的女人才会以硬碰硬的方式跟男人过招。男人是一种很要面子的动物，他们有呵护弱者的爱心，但是却有着无可抑制的坏脾气，当你触犯到他的爆发点，那么没有修养的男人很可能会用武力来解决你对他的侮辱。不要以为你能打过男人，也不要以为没有打女人的男人。尽管他会后悔，尽管他会觉得丢人，但是这都不能阻止他血气方刚时的冲动。

有一位诗人用“女性向男性进攻，温柔常常是最有效的

常规武器”苦口婆心劝告所有的女人。这句话的意思是说，女人要想长久获得男人的关爱与呵护，最有效的做法是：通情达理、善解人意、温文尔雅。这些表现，从不同层面彰显了女性温柔的特质。即使一个铮铮汉子，或一个内心凄苦的落寞男人，面对女人发自内心的、自然得体的话语，心里也会充满柔情，自然对你万般宠爱。

有人这么说，男人是为了得到女人的青睐，而去征服世界的。说穿了，男人征服世界的目的，就是为了征服女人的心。男人在征服世界与征服女人的过程中，实现了自己的人生价值。

站在女人的角度看，女人是用温柔征服男人的，性情温柔的女人，更能吸引男人的心，并激起男人想要为你付出一切的欲望。

有“力拔山兮气盖世”之称的西楚霸王项羽，在垓下一战失利之后，不管他的将士怎样劝他，就是不肯乘船过江东，此时，他最担忧自己心爱的女人虞姬的安危。

事实上，虞姬为了心目中的英雄，早已把生命置之度外。她没有离开项羽，而是留下来陪伴他，鼓励他。在项羽慌乱之际，虞姬身穿华衣，跪请项羽更衣，为他斟酒。项羽从虞姬恬淡而沉静的神态中，感受到了不可动摇的勇气。

项羽一生轻视女人，却没有想到，在他生命的最后一刻，居然是虞姬这个弱小女子，不顾自己的生命，毅然留在

他身边。项羽感受到一种温柔的力量，他觉得愧对这个女人，并为此感到悲哀。

虞姬自刎那一瞬间的刚烈、娇柔与美丽，对项羽内心的震撼，无疑使他无地自容，以至他无所顾虑地自刎于江边。

霸王别姬，告诉我们这样一个道理，每一个男人都需要女人的温柔与爱抚，在很大程度上，是女人的温情为男人谱写了悲壮而凄美的人生！

其实每一个男人都是没长大的孩子，他们在这个社会上的责任要比女人更重大。在外面承受着勾心斗角、尔虞我诈，回到家想看到的不是你埋怨的话语和拉长的脸。而是那一声柔柔的呼唤和一杯暖暖的茶。男人的心就这样被拴住，甘愿为你倾其所有。所以，男人喜欢与温柔的女人一起分享自己的成功，如果你不能扮演这个角色，他会找一个情人替代，从情人温柔的目光中，获得鼓励和赞美，获得一份温温柔柔的爱。

女人的诱人之处，在于似水的柔情，温柔的特质；而不在于你有多漂亮，因为漂亮总会过去；也不在于你有多少才学，因为才学与温柔没有必然的联系。只有把握好了自己的温柔，懂得用温柔之心去经营自己的情感，才能获得男人的青睐，得到一生的幸福！

懂得示弱是女人的福气

温柔是女人的一种选择，一种立场。

当女人有意在性情上选择了温柔，就会努力改变自己，让自己变得温柔。同时，温柔又是相对的，对女孩来说，什么时候表现温柔？对谁温柔？该付出多少温柔？很难用一两句话来概括。但是，可以肯定地说，女人不会时时刻刻保持温柔，因为她也身处现实，也有情绪，会狂躁，会发火……因此，把握温柔的度，适当的时候示弱，就成了最明智的选择。

雯雯是一个精明能干、乐观向上、不拘小节的女孩，与男友相处了三年。对于男友，她从不吝惜自己的赞美之言，在同学、朋友或同事面前，经常夸奖她男友如何如何优秀，挚爱之情溢于言表。

有一次，她约大学时代最要好的女友出来吃饭，发了一通牢骚。说男友对她态度的漠不关心和视而不见让她很郁闷。

女友听后十分生气，要帮她修理他。雯雯却百般为他辩护："他是关心我的，他每天那么累，我也不想什么事情都让他操心。"的确，家里的换煤气啊，交电费啊，甚至修马桶雯雯都学会了。什么事情她都抢在前面做，连换灯泡都自己来，男友也乐得清闲。

女友教了她一招，说："你能不能不逞强？学会示弱，否则男人怎么会心疼你呢？"

雯雯回到家后，特意弄坏了马桶，然后娇滴滴地喊道："亲爱的，马桶坏了，你来修一下啊！"男友马上飞奔过来，"我还以为你一辈子都不会叫我修马桶呢！"从那以后，每当遇到什么事情，雯雯都会娇滴滴地把机会让给男友，果然男友现在越来越关心她了。

很多女人，在外面一个人独立惯了，什么事情都自己做，男人婆啊、女强人啊、某某哥啊这样的词被加在很多女人身上。其实在婚姻中，无论是生活方面还是一些无关紧要的争吵，都不要强势。不管你在外面是老总还是主管，在家里你就是妻子，这是你一生都无法逃避的称呼，你就要尽到一个做妻子的责任和义务。

女人适当地示弱，可以获得男人的疼惜、关心、保护和牵挂，男人很愿意为自己的女人分担一切的。男人更是常常为"最是那一低头的温柔，像一朵水莲花不胜凉风的娇羞"而心动。男人每每见到这种情景，会像国王一样快乐——不论他身处何方，都会记着有一个需要他保护的家，家里有一个需要他呵护的女人，他的心也就永远留在他的王国里。

男人最受不了的是，这个家不用他操心，有没有他照样完美无瑕，如果这样的话，男人的心思就会跑到外面瞎折腾，正如韩剧《玫瑰人生》中的男主角那样，抛弃结发之

妻，另找情人，他的理由十分简单：“你很坚强，没有我无所谓；可她太可怜了，离了我，她会活不下去!”最后他抛弃了“你”而选择了“她”——一个懂得示弱的女人。

女人示弱，并不代表是真正的“弱者”，示弱是维持爱情不受伤害的需要，也是融洽情侣关系的需要。两个人在一起的时候，揭下你社会上那层强硬的面具，释放你的真性情，在老公的怀里尽情地撒娇，去放松，那才是你获得幸福的根本。

part 4

内外兼修——登上幸福号的船票

法国作家雨果说：“假如没有内在美加以充实，任何外貌美都是不完整的。”

再美貌的女子，也无法留住逝去的岁月，让红颜永驻。而内心的美，却会随着岁月的增加，日益浓厚，越发显示出它的光华。女人，只有内外兼修，才能拥有真正的美，她的幸福指数也会更高。

爱美之心，让你时刻光彩焕发

再不爱修饰的女人，都喜欢照镜子。通过各种方式让自

己的容貌更动人固然重要，但对女人而言，保持一颗爱美之心，比脸蛋长得漂亮更具有女人味。

女人可以不美，但是绝对不能失去爱美之心，外表邋里邋遢，很难调动起男人的兴趣，没有一个男人会青睐一个不注重打扮的邋遢女人。

女人即使天生丽质，也要保持爱美之心。这样才能让自己的生活更雅致，更有色彩。

宋美龄在上个世纪30年代，曾以女性特有的魅力，征服了美国总统罗斯福和美国国会，获得了美国对中国战争物资的援助。

晚年的宋美龄依然保持一颗爱美的心。据宋美龄身边的工作人员回忆，宋美龄晚年一直保持着年轻时的生活作风，依旧保持早睡晚起的作息习惯，每天醒来，先让她的女副官为她做腿部按摩，然后才起床，穿上晨袍，在书房的盥洗室盥洗，接着给自己化妆。每次出席公开场合，都认真化妆，直到自己满意为止。

除了坚持化妆外，宋美龄格外重视身材的保养，几乎每天都会用磅秤称自己的体重，只要发觉自己的体重稍微上升了一点，立刻改吃青菜或沙拉，不吃任何荤的食物。如果体重恢复到规定的标准，她才会吃上一块牛排。

拥有爱美之心，并养成爱美的习惯，使宋美龄即使在晚年，也如年轻时一样，浑身上下散发着女人味！

现在，你不妨想一想，为什么在谈恋爱时，你的男友是那么如醉如痴地爱着你？

因为那时你很注意自己的容貌和修养，每次约会，都努力让自己从内到外最美的一面呈现在男友面前，使男友每次都能感受到一种前所未有的新鲜感。也就是说，你用最美的、最激情的音符打动了那个男人，并且深深地吸引着他。

然而，有些女孩一旦热恋消退，马上把那张用来装饰的美丽面纱扔掉了，不再注重穿衣打扮，忽略个人的修养，尤其在家里，丑的部分统统暴露在男友眼底，不再像谈恋爱时那般讲究，甚至连家居物品都疏于收拾与打理，爱美之心早就随着生活的流水漂流远去。这样的女人，在男人眼里既没有风情，也欠缺修养，很难再唤起男人内心的那份激情。

这时你会发现，如果哪天你又衣着光鲜地出现在老公面前，他一定会说：今天好漂亮啊！

因此，为了你的爱情保鲜期长一点，为了你的婚姻生活更幸福一点，无论在任何时候，都要保持一颗爱美之心！

外貌与青春相伴，内秀与生命共存

也许你一直担心自己的外表不好看，对自己缺乏自信。

你的男友跟某个漂亮女孩说话，你心里是不是有点酸溜溜的，醋意大发？

其实一个女人的美与丑，不在于她的本来面目如何，而是在于她的内心。有个美容医生，他每次给那些爱漂亮的女人做的手术都很成功，可事后她们还是会找他抱怨，说自己还是不漂亮，她们感觉自己都没怎么变。如果一个人认为自己美，那么她就真的会美起来的；如果一个女人天天对着镜子说自己是个丑八怪，那么久而久之，她的容貌真的会变的。

对现代女性来说，要确立这样的观念，外表美是短暂的，它与青春为伴；心灵美才是长久的，它与生命共存。你的伴侣爱你，一定不单单是你的外表，他更欣赏你的人品。你的善解人意，你的爱心，你的博大的胸襟，你的气质、风度、智慧、自主、自信以及对美的不懈追求。这些构成了你生命的全部内涵，你就像一幅很有内涵的画，外表一道潇洒的风景，隐藏着的是某种与众不同的境界。

培根说过："美德好比宝石，它在朴素背景的衬托下，才显得更美丽。同样，一个打扮并不华贵、却端庄安静而又有美德的人，更令人肃然起敬。"寥寥数语，告诉我们，心灵美才是真正的美，"外貌的美只能取悦一时，内心的美才能经久不衰。"

在现实生活中，你也许是个年轻漂亮的女人，有一副楚楚动人的容貌，长得也亭亭玉立，在各种场合都受到男士们的青睐，但是，你能担保自己的容貌能永远年轻、不变，永

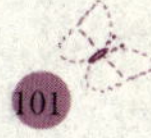

远吸引那些只爱你容貌的男子吗？答案大家都清楚，因为总会有人老色衰的那一天。年轻时的赫本美得惊为天人，可是你看到她老年的照片了吗，也就是一个普通的老太太而已。

美国有一对中年夫妻，她老公在家里经常提起某个女助手的名字，妻子怀疑老公已被这位女助手吸引，她痛惜容颜消逝得过早，于是去美容院做美容手术。回到家，她老公对她的容貌改变视而不见，依然兴致勃勃地大谈他的助手，并邀请她一同去探望自己的女助手。

当这位妻子见到老公的女助手后，异常惊讶，女助手既不年轻也不漂亮，老公为什么那么欣赏她？后来她发现，这位女助手不但吸引她老公，同时也吸引了所有接近她的人，连她也不例外，因为无法抗拒她的个人魅力。她被这位女助手的进取心、创新精神、渊博的知识、睿智的话语以及她的自信、乐观、机智等吸引住了……

由此可见，心灵美比外表美更重要。如果你相貌长得一般，不要自怨自艾，你要明白，真正带给你幸福的，不仅仅是外貌，更重要的是你独特的个性和精神内涵。

做一只有内涵的花瓶

一只花瓶，呈现出来的美是它的外表，如颜色、形状和质地等，它里面空空如也，可能布满了蜘蛛网，扔满了垃

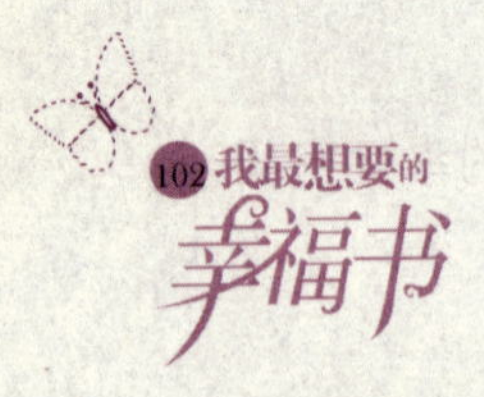

圾，或装着烂泥——但这些因素都无关紧要，都无法影响花瓶的外表美。但是，人与花瓶不一样，人是有生命的，内心不能装满垃圾。

一个女人，可以没有花瓶那样华丽的外表美，但是骨子里面一定要有内涵。如果一个女人没有内涵，即使她的外貌、体形、肤色都无可挑剔，也很难得到长久的幸福和一份真挚的情感——因为那些暂时爱你的人，等你容颜凋谢时，都会离你而去。到那时，你就真如花瓶一样，内心空空如也，杂草丛生，精神空虚，一旦失去了外貌的优势，丑陋暴露无遗。

而有内涵的女人，她的气质犹如一颗夜明珠，即使身在沙中，也无法藏住她诱人的光芒，也就是说，有内涵的女人，她丰盈的精神世界会将她的外表衬托得更美。

所以，真正的美是要有内涵的。

如果你认为自己是一个普普通通的女人，但是，你有心思，知道自己的不足，你修炼自己的气质，健美自己的身体，养护自己的容颜，你的努力不会白费，你会达成心愿，你的修养提高了。现在，你外秀里慧，形神兼备，内外兼修。姣好的容颜，得体的装扮，文明的谈吐，优雅的气质，良好的修养，还有拥有一颗善良的心，你变成了一个魅力十足的女人，不论在任何地方，只要有你出现的地方，你就是一道亮丽的风景线……

在现实生活中，这样的榜样人物不少，如睿智端庄的宋庆龄、吴仪；姿色绝代的林青霞、张曼玉；知性优雅的杨澜、鲁豫等等。她们都是大家公认的有魅力的女人。

她们的魅力除了外表之外，更多是她们的内涵，是她们的气质力量感染了身边的人，为她们的整体美加分。

一个人外貌的美丑无法选择，但是她的内在美是可以塑造的。充满自信，发现、创造自己的美。这样的美才能长久，爱上你内在的人才能给你真正的幸福。

part 5

相信自己——通往幸福之路的灯光

自信的女人生活时刻充满阳光。女人有多自信，她的幸福指数就有多高。自信的女人从来不会在犹豫不决中期盼丘比特的箭降临，她们会大胆地用自己的聪明智慧来赢取理想中的爱情；自信的女人不会让自己的家和爱人陷入困境中，因为她的微笑和乐观永远都是支持丈夫的希望。

自信的女人没有烦恼、自信的女人没有失败、她们就像一颗颗闪耀的明星，照亮着我们，指引着我们。

自信的女人最美丽

春秋时期的齐国，有个女子叫钟离春，相貌一般，“年逾四十，尚未出嫁。”可是，她并不因此而自卑，对自己充满信心，并以自己的胆识和才学，公然向齐王求婚。因为她充满自信，所以看上去气质高贵，举止端庄，侃侃而谈，吸引了齐王，让齐王从敬重她转为爱慕她，并娶了她，最终立她为后，与她共同治理国家。

钟离春不以自己的容貌而自卑，用智慧和美德弥补了自己外在美的不足，她之所以如此胆大，敢做别人不敢做甚至想都不敢想的事情，是因为她自信，这是她对自己个人价值的肯定。

现在医学的发达，很多不自信的女人流行起了整容。有一个很丑的老女人生活得非常没有自信，一天晚上，她梦到了上帝，于是问上帝：“你说我还能活多少年？”上帝回答说几十年，她非常高兴，于是去做了整容，变得年轻又漂亮。可是第二年她就死了，她到了天堂生气地问上帝，你不是说我还能活几十年吗？上帝看了看她说：“哦，原来是你啊，我没认出来。”这当然只是个笑话而已。不过现实生活中还真有很多女人因为怕老公不再爱自己而去整容，反倒起了反作用。真正爱你的人是不会在乎外表的。女人如果到了需要靠整容来提升自信的话，真的是一种悲哀。

一个没有自信的女人，很难挺起腰杆去做事，更别提成就什么大事情了，首先在气势上就已经略逊一筹。你可能整天在折磨自己，独处于某个安静的地方烦躁地思忖着，念头一来，又强制性地压下去，接着摇头哀叹，感叹自己为何不如别人，末了，顾影自怜，心中充满悲伤，精神恍惚……

请记住这个世界没有人会让你倒下，如果你自己想要站立的话。

一个自信的女人，一定是个心中有智慧的女人，她的资本不是外貌，更多缘于知识、人脉……她的内心不孤独、不恐慌。因为她有内涵，所以，世界在她眼里，仍然有独特的光彩，上帝也会眷恋一个自信的人，一个充满希望的人。

很多女人经历过被背叛的体验，从此变得不自信起来。觉得自己是这个世界上最差劲的女人，失去了对生活的信心，甚至失去了活下去的信心。你知道么，在这个世界上，有一样东西永远不会背叛你，那就是自信!

自信可以让一个人看到自己的价值，提升自己的战斗力。很多女人事业有成，家庭幸福，不是因为她们比你会做什么，而是因为她们充满自信，也就更有勇气和毅力。

自信VS自恋

一个自信的女人，会清楚自己的优点和缺点，不会自欺

欺人，更不会以自我为中心。自信的女人乐于倾听别人的意见，也尊重对方的想法。该发表意见时，她们说话不多，却一语中的。

与自信的女人相比，自恋的女人其情形恰好相反，她们很少关注对方的想法，她们只关心自己，在乎自己的感受，将自己的意愿以“一厢情愿”的方式，强加在他人身上，一旦对方不赞成自己的想法，或者不欣赏自己的方式，就显得有些歇斯底里，很难站在公平客观的角度上去考虑问题。

对于任何一个女人来说，轻度的自恋并非坏事，大多数女人获得幸福婚姻之后，自恋的情绪会慢慢转化为踏实的爱情，转而去爱自己的老公，爱自己的孩子，爱自己的家人。

自恋的女人实际上就是一个自私的女人，她们只会爱自己，不会爱别人。小M人长得漂亮，有着一张永远带着清纯气息的娃娃脸。从她想要准备谈恋爱开始，她的生活就是由一次次的相亲，以及一次次的失败组成。她见面的对象十分广泛，包括银行职员、大学教授、公务员和私企老板等等。每一次失败她都有很充分的理由，以批判的姿态高调地结束。比如说，这个男人有抽烟的恶习，或者这个男人没有读书的习惯。有一次，那个和她约会的男人因为在公车上没有及时给孕妇让座，而遭到她的回绝。还有一次，那个男人因为付钱的时候犹犹豫豫而被她万般鄙视。

北京奥运会前期，芙蓉姐姐在网络中掀起了一场个人秀，还有人以她为主题写了一首歌曲叫《芙蓉姐姐》，虽然

歌词里藏有讽刺的韵味，但是，从这一现象中，可以看出网友的好奇和醒悟。

为什么一个芙蓉姐姐会有如此大的吸引力，聚焦了众人的眼球?

这一现象本身的复杂性，不是本文要讨论的范畴，而值得所有女孩关注的是芙蓉姐姐本人。自芙蓉姐姐在网上成为万人瞩目的偶像之后，有人说芙蓉姐姐是因为自卑感作怪，才让自己出风头；也有人说，是因为自恋与心理变态，才使她如此“自信”地表露自己。

不管持哪种说法，笔者认为，首先要尊重芙蓉姐姐对个人行为有选择的权利。

自恋有时让人沉醉，但自己一定要清醒，并不时提醒：我是一个自恋者，但我不妨碍他人，这又何妨!

自信与自恋虽只有一字之差，却代表两种不一样的心态。

自信的女人，除了在乎自己的相貌外，更注重内心的平静，让人感到舒服。她从不去争夺中心地位，即使与她喜欢的男人分手了，随着岁月的流逝，男人也会越来越怀念她。

自恋的女人认为自己是最完美的，美丽、活泼、聪明、才华超群，这种自恋令人窒息，但也不失为一种精神安慰法。

有人说，自信到极致就是自恋，自恋过了头就是心理变态。

事实上，女人天生都是自恋狂。有很多女人其实并不漂亮，但往往以美女自居。如果你不幸说出她们不美的真相，后果可能很严重。适度的自恋是自信的一种体现，但是，过度的自恋，将让你失去发现生活中各种美好的能力。

聪明的女人懂得爱别人，愚蠢的女人才只懂得爱自己。

收起你虚伪的外衣

一个女人隐藏起自己真实的一面，穿上本不属于自己的虚伪外衣，这是因为对自己没有信心，为了“捍卫”个人的利益或面子，这样的女人尽管是迫不得已，却是活得最累的！

虚伪的女人明明喜欢某个人，却不肯说出来，因为没有自信，怕被拒绝，怕丢掉面子，怕自己变得不再高傲。于是她们明明在乎却用毫不在乎的语气说着不屑的话语。虚伪的女人明知道自己个性豪放，为了取悦男人，却拼命装淑女，不过这种善意的虚伪并没有大碍，也算是一种小聪明。

虚伪的女人在前一分钟欢奔乱跳，当遇上自己喜欢的男人时，却表现出一副弱不禁风的样子，顾影自怜，以此激发男人的怜惜之情……

虚伪的女人，为了个人的利益，懂得装，懂得耍手段，知道怎样吸引她想吸引的人。

当然，也有不为利益而虚伪的女人，这种女人，她们一“装”你就恶心，甚至想吐，她们有的早已权高位重，有的已富贵荣华，为了表现自己的“高贵”与“清高”，不自觉上演一出出令人匪夷所思的自编自导的戏剧。

虚伪在我们的生活中无处不在，不可否认，大多数时候我们都披着虚伪的外衣。即使每个月要还几千元的贷款，除去开销两个人的工资所剩无几，可请朋友吃饭还是要去好饭馆，装出很富有的样子。尽管每天和老公不停地吵架，还是装出一副我很幸福的样子。

有一些女人明明知道自己条件好，还非要在女友面前说一些哭穷的话。说什么现在的日子越来越不好过了，每个月零花钱才2万，这不是想委屈死我吗，我那死老公，我都说了不喜欢奥迪，非要给我买，这不是浪费钱吗？这样的女人是全天下最讨厌的虚伪女人了。明明在炫耀，却还装出一副可怜的样子。

虚伪的女人爱攀比，喜欢赶潮流，别人有高档的东西，自己也想拥有，衣食住行，样样都不想落后于他人。

虚伪的女人最善于抓住别人的弱点说事，直至把人搞臭，反而假惺惺地说算了。实际上自己在心里刻骨铭心，咬牙切齿地恨，恨不得杀之而后快。虚伪的女人一生都不会有什么成就，因为她太计较别人对自己怎么样，而不是自己对别人怎么样。因此虚内的女人尽管表面风光，其实很难得到幸福。

第4章

快乐女人的幸福人生

快乐是一种角度，从这边看是痛苦，换一边看未尝不是幸福。世界不会因为我们而改变，那就需要改变自己的心态。一个内心快乐的女人，她散发出来的自信和魅力是动人的，心情的愉快更能让女人对这个世界充满希望，让她的整个人生充满幸福，人自然也会变得越来越美丽了。

part 1

幸福，是自己给予的

女人是感情的动物，但不要做感情的俘虏，要做自己情感的主宰者。没有人会毫无代价地给予你什么，有些东西是要靠自己去争取的，命运就掌握在自己手中。

很多女人面对情感的时候都是被动地接受，或者消极地等待，那么也注定了她会为这份情感的快乐而快乐，痛苦而痛苦，完全失去了自我控制能力。

理智的女人应该管理好自己的情绪，不让它泛滥，即使感情有一天倒塌了，也要从废墟中站起来，继续前行。爱情不是不可以掌控的东西，聪明的女人，快乐去爱，把幸福掌握在自己手中。

走出自卑的阴影

有的女孩，总爱跟别的女孩比较，比长相、穿着、家境和现在的工作状态等等，如果自己不如人家，心情立马“多云转阴”，或阴雨绵绵。这种情绪转而会带到她的生活中，影响她对待一切的情绪。

其实，每个人都是独一无二的，都是上帝眷顾的宝贝，无须去跟人家比较那些虚无的东西。人的一生中，难免有一

些不尽如人意的地方，每个人都会或多或少有这样或者那样的遗憾，或者容貌，或者家庭，或者职业等等。如果上帝为你关闭了一扇门，就一定会为你打开另一扇门。如果你不能接受事实，一味地纠结在这重重的缺憾中，终日烦恼不堪，那你的生活就会失去色彩。而如果坦然地去面对，勇敢接受，一切就都会不一样了。

每个人都有一本难念的经，但呈现给别人的永远是好的一面。也许你没有风光的职业，但是你有一个爱你的老公；虽然你没有魔鬼的身材，动人的容貌，但是你的温柔善良是很多男人梦寐以求的情人标准任何一个人，都有不顺遂的时候，如果遇到一点小挫折就多愁善感，一味自卑自怜，一脸消沉的酸腐味，就没法招来好运；即使有人喜欢你，想接近你，也会被吓跑。

有一个女孩，在10岁时读了《卖火柴的小女孩》，读完这个故事的时候，她一连失眠了几个晚上。联想到自己也成长在一个贫穷的家庭，觉得自己就是那个卖火柴的小女孩的化身。

每次，她看到别的女孩被爸妈关心或照顾的情景,就觉得自己很可怜，怜惜自己的身世不如人家。

长大以后，她参加工作了，每当看到同事的表现比她好，就觉得自己的智商天生不如人家；看到朋友恋爱，亲密无间，更觉得自己甚是卑微，是天下最可怜的女人……

现在，她25岁了，因为自卑，不敢跟男人接触；也因为她过于冷漠，一副不可侵犯的高傲外表，没有男人敢接近她。

很多女孩会因为自卑而不自觉地傲气，但不管她们掩饰得多么完美，大家仍然很轻易就能洞悉她们内心的脆弱。

凯斯从小就有一个梦想，成为芭芭拉那样的歌星。但是她从来没有放声歌唱过，因为她有一张难看的大嘴和满口的龅牙。她对自己的龅牙一直耿耿于怀。后来在毕业典礼上，她准备好了要高歌一曲。但为了掩饰自己的龅牙，该放声的时候她闭上了嘴，显得扭扭捏捏，调都不知跑到哪里去了，同学们在下面哄堂大笑。

她尴尬得恨不得有个地缝钻进去。这时，她的音乐老师安慰她说："凯斯，你的嗓子很棒，但是你在试图掩饰什么呢？长龅牙并不是你的错，只要你的歌声动人，观众就会喜欢你的啊。说不定你的牙齿还能为你带来好运呢。"凯斯接受了老师的建议，以后经常在公开场合大声歌唱，她的歌声打动了很多人。她也不负众望，成为著名的歌星。那龅牙也成了她的标志，甚至有保险公司愿意高额承保她的龅牙呢。

每个人都会有不为人知的自卑，那有什么要紧的呢。少年时期的三毛也曾经考过鸭蛋，被同学们耻笑，甚至不愿意去上学，一度得了自闭症。而她没有自暴自弃，终于靠着自己的努力创作了剧本《红尘滚滚》，获得了台湾金马奖提名。

别人的批评只会让你进步，不能成为阻碍你发展的石头。

每个女人都是独一无二的天使，不要拿别人的标准来衡量自己，充分运用我们天生的资质和优点，活出全新的我，这才是女人幸福之本。

试探的感情开不出灿烂的花

很多女人因为自信，在爱情中表现得敏感多疑，习惯用试探的手段测试对方的情感。

这些手段有的无伤大雅；有的可能偏激到极端。轻则付之一笑，重则可能造成双方心灵的创伤，最后的结果总让局外人为之叹息。

有一个女孩，子宫肌瘤手术之后，本已恢复正常，但是，她总觉得自己有缺陷，觉得自己是一个不够完美的女人。她开始变得多疑，怀疑男友不再爱她了，嫌弃她了，并用种种方法试探男友，是否还像以前那样爱她。

每次男友经过了考验，她都会放心一阵子，但是又害怕他会骗她。于是她不停地测试，不停地问。有一次，她一本正经对男友说：我和你在一起不快乐，我们分手吧。

男友听了很难受，不答应分手，后来看她态度那么坚决，很无奈地说，那好吧。

第二天，女孩跳楼了。对着面目全非已没有气息的遗

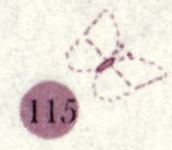

体，男人失声痛哭，他说，我一直爱你，答应分手，完全是尊重你，不想跟你争吵，怕你生气。

既然爱了，就要相信对方，用心去感受对方的爱。如果你对自己没有信心，也不要做一些无谓的试探，先完善自我，让自己强大起来，用心去爱，总会有回报。即使有一天爱情没有开出鲜花，至少也能留下一段美好的回忆。

笔者有个朋友，一个很出色的女人，在电台工作。新婚不久，发生了一起车祸，她的右脚严重骨折。住院期间，正在读博士的先生请假回来照顾她，可谓无微不至。

10天之后，她先生回校去了。她一个人在医院呆了一个月。后来，有朋友问她，你担心你先生嫌弃你吗？

她说，没想过。

又问，你想不想试探他一下？

她说，为什么要试探，我只是骨折，他那么紧张回来看我，愿意陪我，照顾我，我为什么怀疑他，我也可以紧紧抓住他的手啊。

这才是理智的声音，试探是一个女人最愚蠢的行为。不要用幼稚去考验一个人的耐心。

对任何一个在情路上的女孩而言，试探对方的爱有多深，这种行为本身就不公平。男人也是人，他不是神，面对世俗的诱惑，心中那根柔情之弦，也会被某个女人用心弹拨，声音或许更美，男人抵挡诱惑的能力固然有限，但是你

的试探，也许会让他的抵挡变得毫无力度。

所以，不须试探，用心去爱，你的爱人一定不会放弃一个真诚的女人。倘若不幸遇到无耻的男人，那就潇洒地离开，优雅地告诉他出去，把门带上。

只有爱自己，才懂得爱别人

女人爱自己才会爱这个世界，女人爱男人才会让自己变得更美丽，女为悦己者容。爱是一种能力，要想拥有这种能力，就要从爱自己开始，女人要为自己负责，让每一分钟的生活都是享受，这样才能去爱别人，同时赢得别人对你的爱。

许多女人都明白要爱自己的道理，但是到底要怎么去爱自己，女人都很迷茫，爱自己不仅仅局限于买最漂亮的衣服、最昂贵的化妆品。《红粉女郎》里陈好扮演的“万人迷”就知道怎样充分地爱自己。爱自己就是要接纳自己，真诚地喜欢自己，把自己当成公主般对待，喜欢自己的个性，喜欢自己的不完美，那样你会发现原来生活中充满了生机和美好的事情。

爱自己的前提是不要怨恨，生活中没有完美的事情，事事都不可能一帆风顺，要学会接受和遗忘。如果不爱，不要给别人造成不必要的误会，更不要去伤害别人；如果爱

了，那就要接受他的不完美，尽管他分不清玫瑰与月季，但他的爱是真诚的，这就够了。

女人是美丽的代名词，一定要爱自己，除了要把自己打扮得优雅大方，也不要为了工作太拼命，把自己沦为赚钱的机器，要爱惜自己的身体，保护自己的健康。

每个人活着，都不完全是为了自己，也是一份责任。对自己负责，就是对亲人和朋友负责。因为你爱自己，所以，你也爱那些疼爱你、关心你的亲人和朋友。

你只有先爱自己，才懂得珍惜爱你的人，才懂得爱这个世界，这样，你才会变得更可爱。

送你几句至理名言，教你如何去爱自己。

1、每天精心打扮，面带微笑，对善意欣赏你的人报以浅浅的微笑。

2、如果可以不抽烟，别抽；如果可以不喝酒，别喝。再郁闷也不要泡吧，一个孤独的女子和一个高脚杯会更添几分落寞与伤感。

3、听听音乐看看书，自己煮花茶。如果累了就出去旅旅游。

4、脆弱的时候，要找对哭泣的肩膀；不要买醉，如果真的醉了，不要打电话给任何人，自己回家睡上一大觉。

5、认真对待你的工作，毕竟房子和钱不会背叛你。

6、不愿意做的事情不要勉强自己。

7、善待自己，不要等着男人给你买礼物，自己爱自己。

8、练练瑜伽或者跆拳道，前者可以放松身心，后者可以防身。

9、无论何时，从容、积极地面对生活，爱老爸老妈。

part 2

爱他，就做他的支持者

每一个成功男人的背后，都会有一个爱他的女人。这个女人放弃了自己的事业，守候着后方的家，默默地做着牺牲和奉献。

老公的成功就是你的成功，做男人背后的女人，一定是一个自信的女人，同时也是一个聪明的女人。她能让老公在前线放心地冲锋，自己也保持着对美好生活的向往，处事精明，充满热情，激励着老公去实现全家人的梦想。

男人的成功也是你的成功

做成功男人的妻子，愿意在背后默默无闻支持老公，这本身是一件很不容易的事。

对于甘愿放弃自己的理想，在背后支持男人的智慧女人来说，结婚，意味着将毕其一生的精力，做好两件重要的事：

一是开发男人的内在潜能，激励他拼搏，辅助他走向成功；

二是维持家庭的稳定，让家庭充满欢声笑语。

在她们看来，老公事业有成，家庭和睦稳定，才是人生最大的幸福和快乐。当然，男人对她们的默默奉献也会心存感激。

有一位女士已经结婚20多年，她老公是某一领域的学术专家。有一次，记者采访这位女士的老公，记者问，你太太在你心目中是个怎样的女性？她老公对记者说：“她是个智慧的女人，她懂得如何维持家庭的稳定，懂得如何鼓励我。很少有女人可以既开发出男人的内在潜能，又能稳定两个人的关系。结婚这么多年，我一直思想活跃、行动自由，即使有事情在外面留宿没及时通知她，家里也不会闹翻天。夫人的大气，是我今天能成功很重要的一个前提。”

男人不是管出来的，爱他就不要对他冷言讥讽，既然选择就要相信自己的选择，让一个女人放弃事业不是一件容易的事情，但只要拥有向上的热情和活力，做老公的贤内助，把天下交给他去打拼，自己在后方享受快乐不是很完美的一件事情吗？

有一个男人，曾经在一家效益很好的企业上班，不幸的是，有一天企业倒闭了，男人想自己创业又没有信心。但他的老婆是一个很乐观的人，她鼓励丈夫勇敢地去闯：“一个人不能没有梦想，凭你的能力和才华一辈子碌碌庸庸实在是太可惜了，你放心，家就交给我。至少我还有稳定的收入，大不了我们重新再来。”在这最黑暗的时候，是女人陪他度过的，最艰难的时候缺乏资金，男人几乎都要放弃了，是在妻子的鼓励下终于渡过了难关。后来，丈夫一切正常运转，扩大发展的时候，妻子辞去工作全心帮助丈夫。

男人说：“我成功的法宝就是我有一个好妻子。她把我的事业当成自己的事业，我觉得我必须成功，因为我对她有责任，我至少要给她一个交代，不能让她对我失望。”

这是一个成功者的肺腑之言。

一个女人如果想家庭稳定、美满，老公事业有成，首先要有良好的心态，把老公的成功看作是自己的成功，把辅助老公和料理家务当作自己的工作，只有这样，你才能成为一个称职的太太、成为老公的贤内助。

做男人背后的伟大女人

在这个世界上，有这么一群伟大的女人，她们站在男人的背后，甘心为男人无私付出，默默地支持他，无怨无悔，甚至不求回报。

尤其在今天这样一个竞争激烈的时代，男人的成功需要付出的代价更多，遇到的困难更大，所走的路更艰辛。正因

为如此，很多创业的男人希望自己的妻子能在他创业的路上扶他一把，用适当的方式，做他的助手。

肖先生在深圳一家上市公司工作，尽管待遇不错，但是为了让家人过上更好的日子，他准备自己开一家广告公司。凭着自己出众的才华，敏捷的思维，他相信，自己一定能大展宏图。但是唯一让他担心的是妻子会不会同意。那他就没有时间陪她，也没有时间照顾这个家了。而且如果事业开展起来，妻子可能就需要全心照顾家庭，让她放弃自己的事业她会愿意吗?

当他跟妻子谈起这个想法的时候，妻子想也没想就同意了。“男人的事业在四方，你尽管去好了。妈和孩子你放心，我会照顾的。”妻子的大度和奉献让肖先生很感动。从那以后，肖先生就专心于自己的公司，妻子从来没有一句抱怨，把家里照顾得井井有条，甚至还有时间帮忙打理公司的后勤。

两年后，肖先生的公司经营得有声有色。为了表示庆贺，他在一家酒店宴请两位最要好的朋友。

席间，他满脸通红，对两个好朋友说：“你们知道吗，我之所以有今天，我最想感谢的一个人是谁?”

一个朋友说：“当然是你的客户，给你项目的那些老板。”

另一个朋友说：“是你的投资人和你公司的得力助手。”

肖先生缓缓地摇头，说：“不是，都不是，我相信，凭

我的能力，这些都不是决定性的因素，我的成功是早晚的事情。”

两个朋友面面相觑，疑惑不解。

肖先生哈哈大笑，俯着身子轻声说：“是我老婆，此刻，我最想感谢的人是我老婆！没有她，就没有我的今天，你们知道吗，为了我，她付出了多少？”

两个好朋友放下筷子，满脸虔诚。

肖先生继续说：“她付出了她的全部，不遗余力。自从我们的孩子出生之后，为了我的事业和我们的孩子，她全身引退，把自己的所有精力和时间都奉献给了这个家。洗衣做饭，相夫教子，孝敬老人，人情来往……这个家的所有事情，她一手搞定，不让我操心。除此之外，还操心我的工作，经常在半夜时分，帮我整理资料，为我做夜宵……”

说着说着，肖先生声音嘶哑，泣不成声。

调整好情绪后，他续续地说：“一个男人，不管他的理想有多大，能力有多强，若想干一番事业，如果没有一个好女人，他成不了大事。”

两个朋友一边听，一边点头，认同，带着些许羡慕。

肖先生又说：“婚姻好比盖房子，如果一个在建，另一个在拆，房子永远建不成；婚姻又如打仗，有主攻的，有助攻的，女人就是助攻手，如果没有助攻，我能有今天吗？不可能！这是我的幸运，找到这么好的一个女人，她甘愿为我

牺牲，为我搭梯子，甘愿做我的助攻手，她善解人意，我衷心感谢她！”

两个朋友感动了，站起，举杯祝贺，为他，更为他背后的女人。

其实，每个成功男人的背后，都站着一个伟大的女人，她——就是这个男人的助攻手。想必这也是所有成功男人的通感。

很多女人明白这个道理，但同时，她们也意识到，并不是所有男人都懂得感恩。在现实生活中，有的男人一旦成功了，就滋生出俯视女人的思想，开始向往外面花花绿绿的世界，女人为他受的苦、流的泪，他全然忘记了……

当然，对女人而言，做不做男人的助攻手，是个人的选择，也是一种人生态度与价值观的选择，人各有志，冷暖两心知。

人生短暂，只有抓住属于自己的幸福，才是最重要的，也是最真实的幸福。

不要成为男人的绊脚石

所有的女人都希望拥有一个稳定而幸福的家，追求安宁与舒适的生活。男人也一样，希望拥有一个稳定而幸福的家。但是一个有能力的男人，更看重事业，以此实现自己的人生价值。

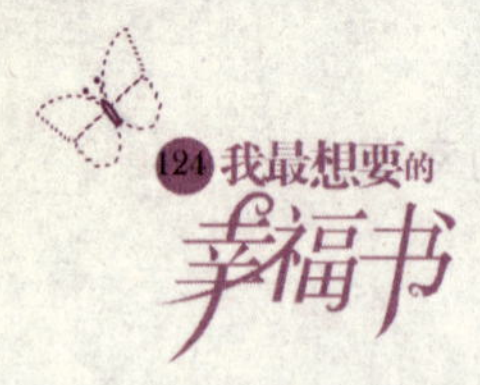

婚后的女人可以选择继续工作，也可以选择回归家庭，但是，有一点是男人最在意的：你可以不做他的助攻手，但你绝不能拖他的后腿，成为他的绊脚石。不要以为每个男人都有心思去搞什么外遇，很多时候男人也很累，公司的战略啊、资金周转啊等等已经够让他们操心了。这时除非你是个每天都挑刺的女人，否则男人不会投入别的女人温柔细语的怀抱寻求安慰和解脱。

王先生是某国企的高管，有望成为公司领导班子成员，妻子只是公司的一般职员。平时，王先生经常劝妻子工作要上进，争取当个中层副手，但是，妻子就是不听，反而认为王先生嫌弃她。她认为，自己的专业技术过硬，不会被淘汰。为此，夫妻俩经常闹到面红耳赤，不可开交。

有一天，王先生上班路过公司门口，发现很多员工驻足观看宣传板上的通报告。原来公司有几名员工违法规定，躲在仓库内打扑克，被检查人员发现。按公司规定，每人罚款50元，通报批评。

在罚款名单中，头一位就是王先生的妻子。看到这个消息后，王先生火冒三丈，立刻找到他老婆。见老公满脸怒气，妻子给老公来了一个幽默式：“你看我多有出息，上光荣榜啦，呵呵。”

王先生没料到老婆对这事这么轻松，他来不及说什么，只见老婆满不在乎的样子，继续说：“要是我们把门插上，

他们就进不去了。”

王先生听后差点晕了，他很无奈，只说了一句话：“请你不要老拖我的后腿。”

当天晚上，王先生本想好好开导她：“我跟你说过多少回了，你这样做是扯我的后腿，你说，我有什么脸管理我的部下？我又怎么面对公司领导呢？”

妻子也不甘示弱，振振有辞：“你们当官的，工作时间出去喝酒、唱歌，怎么不罚呢？”王先生目瞪口呆，哑口无言。过了片刻，他赌气地说：“这样的日子没法过了，干脆我们离婚吧！”

妻子也毫不示弱，说：“离就离，谁怕谁啊，就你那水平，你要是能当上市长，我告诉你，我的官也不会比你小。”

第二天，两个人果真赌气去办了离婚手续。后来，亲戚、朋友知道了，百般劝说，才将两人劝回家。

其实，王先生的妻子也认识到自己的错误了，并当面向老公检讨认错，表示自己那样做无疑是给老公的事业自掘坟墓。当然，王先生也觉得自己过于冲动了，对老婆说话态度过硬，没有好好地劝说她。两个人言归于好。

在一个家庭中，男人如果有很强的事业心，求上进，女人应该尊重他的梦想，你即使不能帮助他多少，至少不要拖他的后腿。很多女人喜欢因为一点小事就到老公的单位大闹，这样不仅对自己的素质是一个降格，也会给老公将来的

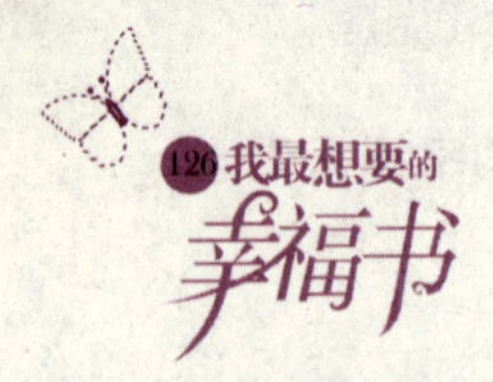

事业造成阻碍，如果是有了第三者，你这样更容易把老公推向别的女人的怀抱。

如果你拖他的后腿，等于在男人前进的道路上设置障碍，男人为了继续前行，争取成功，势必要扫清“障碍”。如果你不想成为男人的牺牲品，想继续拥有他，拥有一个幸福的家，就不要拖他的后腿。

part 3

婆媳融洽，幸福一家

结婚之后，你是不是发现老公除了听你的话之外，还毕恭毕敬地听另一个女人的话。

是的，那个女人就是你婆婆。没有她就没有你的老公，她辛苦赚钱把你老公养育成今天的样子。不管你愿意不愿意，你别无选择，必须学会孝敬婆婆，跟她维持良好的关系，这是你的责任也是义务，只有这样，你老公才会快乐，从心底里感激你，进而给你更多的爱！

婆婆是你最爱的人的妈

结婚不久，你老公也许会问你，我妈对你好吗？

你别以为他只是随便问问，其实他放心不下的就是这件

事。如果他知道你和她的妈妈之间不和谐，丈夫作为夹心饼干也是很为难的，同时，因为男人不善于处理这些家庭琐事，最后很容易导致家庭整日战火纷飞，那男人更没心思在外面忙事业了。

其实讨婆婆欢心并不是一件很难的事情，婆婆不是亲妈，但是你爱的人的妈。你应该感谢她赐给你一个这么好的男人。走进婚姻之后，你要改变以往的观念，你不是嫁给一个人，而是嫁给一个家庭。

俗话说，婆媳关系最难相处。因为两个女人都深爱着同一个男人，一个是母爱，另一个是情爱，婆婆爱你老公二三十年，现在因为他成家了，你从她心里硬是夺走了她儿子，她儿子再也不依赖她了，她心里感到空落，对你自然有一种对抗的情绪。所以，化解婆婆对你的情绪，是你处理好婆媳关系迈出的最关键的一步。

人心都是肉长的，如果你对待婆婆像妈妈一样，她也一定会像女儿一样疼你。每天下班，即使你已经很累了，也不要像在自己父母面前那样躺在沙发上等着婆婆做饭，婆婆炒菜你一定要站在旁边问问有什么可以帮忙的。平日里给妈妈买礼物的时候记着给婆婆也带一份。一定要记着婆婆的生日，不要在婆婆面前说她儿子的不是。尽量不要在婆婆面前和老公吵架，即使是老公找茬，也要给他足够的面子，装出一副小女人受委屈的样子，现在的婆婆都很会做事的，一定

会站出来为你说话。一定要记住婆婆喜欢什么，不时地买给她。不用告诉你的老公，婆婆会告诉他的。

事实上，很多年轻的妻子都不懂这个道理，以为只爱老公就行了，婆婆是老公的母亲，孝顺的事由老公去做。殊不知，你婆婆对儿子的爱犹如你爱老公一样自私。况且，你老公的血管里流着他父母亲的血液，具有血缘的关系。一个人的一生只有一个母亲，孝顺母亲，让母亲过上安康的生活，是你老公孜孜以求的奋斗目标。

在很多男人的眼里，妻子孝顺自己的父母，就是爱自己的表现，虐待父母就是跟他过不去。

纵观中国的婚姻史，历史上优秀的女性，她们都是孝敬婆婆的典范，不孝敬婆婆的妻子，要么被老公冷落，要么被赶出家门。

聪明的女人，从进入老公家门的那天起，就应把如何处理好婆媳关系当做一门必修课来学习，把婆婆当作自己的母亲，像爱自己的母亲那样爱护婆婆，孝顺她，宽容她，感化她。

你应该让婆婆感觉到，你不但没有夺走她爱儿子的权利，而且，在行动上，你让老公给婆婆一种“娶了老婆也认娘”的感觉。如果你做到了这些，你已经和婆婆建立了比你亲妈还“铁”的关系，你婆婆就会像爱他儿子一样爱你，你老公也会由衷地感激你！把婆婆哄得开开心心，老公每天美滋滋的，这样幸福的家庭生活不正是你想要的吗！

与婆婆结成同盟

嫁过女儿的母亲几乎都有这样的感受，女儿嫁出去了，心里不免有点失落；而多了一个女婿，又觉得多了一个儿子，心里多了一份欣慰感和幸福感。

而作为婆婆，她的心理就复杂多了。在许多婆婆的眼里，儿媳妇是“人家的姑娘”，这是婆媳关系难处的真正原因。

如果你把婆婆视作自己的母亲，尽可能去体谅她，宽容她，婆婆对你就会产生好感。

不要犯跟婆婆“争老公”的低极错误，要和婆婆站在同一战线一起去爱你的老公。因为不管老公多么爱你，你也无法替代他母亲的位置，如果搞不清这个事实，你的婚姻准会亮起“红灯”。

有一本书叫《双面胶》，里面讲述了这样一个故事：

一对夫妻，男的来自中国东北，女的是一位上海姑娘。在丈母娘的帮助下，两个人在上海买房结婚了。婚后两个人相处得非常好，感情如胶似漆，老公对老婆嘘寒问暖，端茶倒水，小夫妻亲密无间，恩爱无比。

但是，婆婆到来之后，温馨的小家庭开始发生了变化。因为观念的不同，对生活的看法不同，比如婆婆看不惯儿子给媳妇端洗脚水，殷勤伺候媳妇，等等。这些问题愈演愈

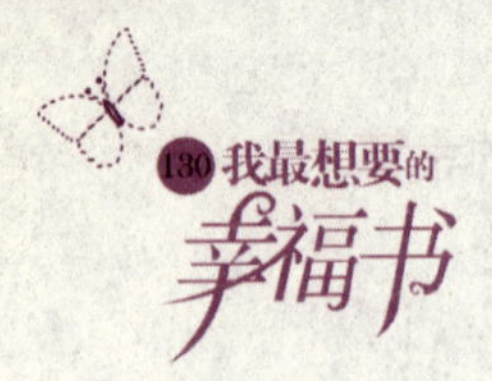

烈，婆媳之间的矛盾积重难返，摩擦不断升级，最后儿子把媳妇掐死了……

这个故事说明，在很多已婚男人眼里，母亲只有一个，天大地大，不如父母的养育之恩大，所以，作为人妻，你必须孝顺公婆。

如果你深爱老公，就会爱屋及乌，爱得愈深，就愈能接受你婆婆；如果你还没有接受婆婆，也说明你对老公的爱还不够成熟，不够深刻！那么，你也不要奢望你老公多爱你。如果你很爱这个男人，珍惜这段姻缘，你一定要处理好婆媳关系。

如果你伤害了婆婆，就是伤害你老公。你今天摘了“桃子”，请不要忘记种“树”的人。婆婆是养育你老公长大成人的功臣。你若这样想，就会对婆婆怀有感恩之心，尊敬之意。

同时要理解老公的难处。对他而言，一边是母亲，一边是老婆，两边都不能得罪，即使他偶尔偏袒母亲，也是迫不得已，归根结底是为你好。聪明的女人会鼓励老公做一个协调员，扮演咨询、协调婆婆与她之间的角色。

家事不记隔夜仇。如果婆媳之间因某事有了摩擦，必须立即处理，直接沟通，以和为贵，消除误会。如果不马上处理摩擦，日积月累的“怨气”厚藏于心，婆媳之间形成“冷战”气氛，一旦爆发，受伤的还是自己。不管什么事，站在

婆婆的角度考虑问题，和他家的亲戚相处也要顾及到婆婆的面子，这样才能赢得婆婆对你的好感。还要学会示弱，以退为进。当你和老公吵架的时候，不要往娘家跑，去婆婆那里诉苦，到她的怀里撒娇，让她为你做主，相信任何一个明事理的婆婆都会为你出头的，那你的家庭和睦计划就成功了。

part 4

家人的健康，是你最大的幸福

假设一个人有100000000万，前面的1代表健康，后面的0代表你的房子、车子、妻子、儿子、金子等，如果没有前面的健康1，后面都等于0。所以健康对每个人是很重要的，有了健康就有了一切。每个女人都希望自己的父母及亲人健康快乐。婚后，女人更希望自己的孩子健康快乐成长；希望家里的老人健康、快乐、长寿；更希望自己的男人有一个健壮的身体。

健康是家庭的一笔重要财富

人生最大的悲哀，就是在你有钱有闲的时候，没有健康的身体去享受生活。失去健康，无异于失去生命，拥有再多，又有何意义！健康才是幸福的资本。

报纸上经常刊登某某公司某某人因工劳累，30岁出头累死于工作中……从这些消息可知，因为生存与竞争的压力，人类的健康受到了严峻的挑战与考验。

当整个社会都以财富为标准衡量人的能力与成功的时候，所有的人都被迫赶上了追求财富的钢丝绳。很多人拿健康冒险换来了财富，到头来没有机会享受金钱给他带来的快乐。这不仅是社会的悲剧，也是人类的悲哀！

在这样的社会环境中，作为女人，或者作为人妻，尤其要把保卫一家人健康的责任担起来。

从女性的特质来说，女人的忍耐力远远大于男人，从这个角度看，男人比女人娇弱得多了，正是男人的“娇弱”，造就了女人的无私，或者说，正是女人的坚韧，“纵容”了男人的“脆弱”。

另一方面，由于女人细腻的心思，和发自内心对男人与孩子的爱，才让她对家人的照顾无微不至。

对中国大多数家庭来说，几乎都遵从着“男主外、女主内”的结构模式，照顾家人是女人的主要生活内容，照顾好男人的身体健康，是你最重要的工作之一。因为大多数男人是家庭的赚钱“机器”，这台机器如果“报废”了，意味着家庭很快就不能运转了，家里的欢声笑语也会随之消失，这种事情谁都不希望发生。

在现实生活中，往往事与愿违。有些妻子不甘寂寞，或

因为家庭经济的原因，被迫在职场上奔忙，没有挑起看守家人健康的重任。家里的老人如何养生、老公的身体怎么样都一无所知，更是很少开火做饭，动不动就带着孩子出去吃快餐。当老公面对升职和失业的危机、养老和孩子的教育问题等头痛时，妻子非但没有体谅老公，反而让白天忙了一天的老公，晚上回来“忙”孩子，你不开心时他还要哄你。

长此以往，老公就如上紧弦的钟表，不停地运转，不但身体消化不了，更重要的是，在较重的压力之下，他的性情变坏了，开始变得暴躁，或意志力消沉。如果你老公被生活摧残成这个样子，心理的损伤反过来会影响他的身体健康。

有一对夫妻，结婚10年，两人分别在外资企业工作，女的做财务，男的做业务。男的工作很忙，洽谈、客户维护、售后服务等，每天忙不停，晚上还要赶回家煮饭给儿子吃。

男人曾建议老婆过渡性回家做全职太太，照顾刚上小学的孩子，他老婆却说：“我不想让别人瞧不起。”

男人莫名其妙：“谁瞧不起你呀，孩子和我们的健康比什么都重要。”

三年多来，这个男人起早摸黑，送完孩子上学，白天再绷紧弦工作，晚上回来还要打理家务。

一天晚上，这个男人发现自己的头发一把把脱落，并感觉腹后隐隐作痛，去医院一检查，乙型肝炎引起的肝硬化、血脂过高。

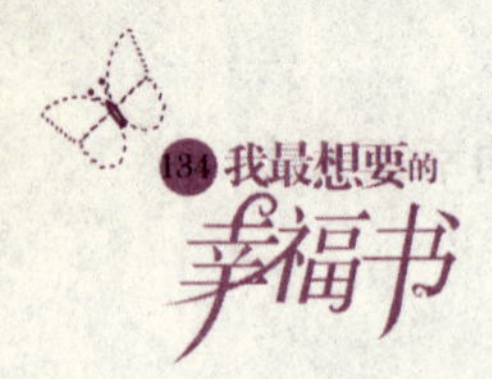

医生告诉他，这是身心疲累引起的，要他多休息，注意合理饮食。

这个病足以毁灭一个年轻的家庭。得知这个消息后，他并没有告诉妻子，他轻描淡写地说，是劳累过度，医生让我多休息。

如果他老婆能在家庭和事业之间稍微平衡一下，照顾一下家人的起居饮食，关注他们的身体和精神状态，即使他们的身心出现了问题，由于及时发现，也会避免一场可能造成家庭致命打击的危机。

有了事业不一定就要放弃家庭，两者应有先后。如果连自己的家庭都照顾不好，即使你的事业做得很大，那对于一个女人而言也是失败的。家人健康，才会有和谐的家庭生活，婚姻才会有保障。

做好老公的保健师

人是精神的高等动物，身体的劳累不容易压垮一个人，但是，精神的伤害很容易把一个强壮的汉子击倒。

男人由于创业或工作的关系，内心承担着巨大的压力，他需要一个减压的地方，而温馨的家园无疑是男人向往的休息场所。

不管男人在外面多么苦，多么累，只要回到家，听到心爱的女人一句温柔体贴的问候，感受到家庭的温暖，所有烦

恼都会被这种气氛洗涤得荡然无存。

这个时候，就需要你发挥女性特有的气质，善解人意。一个自私的女人很可怕，不仅不会安慰老公，还会因为老公有压力埋怨他无能。这时候你的家庭已经埋下了危机的隐患，如一颗定时炸弹，随时有可能爆发。

当你老公需要你帮助他成就事业时，你应该义无返顾回归家庭，做他的生活助理，照顾好家人及孩子的健康，这是一件比任何工作都重要的事情。

男人为了事业会很拼命，不会合理安排作息时间，吃饭简单凑合一下。如果你在他身边，关注他的起居饮食，在他劳累的时候，督促他多休息；在饮食方面，给他最好的营养，增加体能，提高身体的免疫力，这样，他就有充沛的精力投身到工作中去。

《平凡的世界》一书作者路遥，很多人看来，他是一个有抱负的伟大作家，却英年早逝，肝硬化夺走了他的生命，很多人都为之惋惜。

可以这样说，如果路遥的妻子能以宽容的心善待自己的老公，关心他、体谅他，悉心照顾好他的生活，路遥也许还能活到今天。

当路遥躺在西京医院，“腹水渐渐消除，饮食略有好转，病情似乎得到了初步的控制”，在这个时候，如果路遥能得到妻子悉心的照料与温柔的体贴，情形也许会不一样。

然而，因为有太多的事情干扰着路遥，使他的情绪极不稳定，身心得不到充分的休息，从而影响了治疗效果。病魔对路遥的打击固然足以致命，但是，来自精神的打击则加快了一个生命的陨落。在路遥生命的危难之际，他的妻子不但没有坐在病床边鼓励他，给予他应有的爱和勇气去战胜病魔，反而拿着一纸离婚协议书来到医院，并扶起路遥病弱的身体，让他在离婚协议上签字……

笔者在这里无意指责一个女人，家家有本难念的经，这里想表达的是，再强的男人都需要一个女人的抚慰。

话说回来，据说路遥在写作《平凡的世界》时，整整三年时间，是栖居在一家煤矿招待所里完成的，作为人夫的路遥过着苦行僧的生活，不闻人间烟火，不许他人干涉，从这个角度来看，如果他妻子不愿意为他作出牺牲，选择正当的离婚诉求，也在情在理。

当男人为事业或为创富拼命工作时，除了要给予支持，更要关注丈夫的健康。每日可口的饭食，营养丰富的煲汤，定时的身体检查，即使是感冒这样的小毛病也不要轻易放过。全家人如果每天都出去吃快餐，家里半个月做不上一次饭，不仅老公，连孩子的身体也可能会被你毁坏的。没事帮助老公按摩一下腰、头，这是男人最容易出现疾病的地方，多看一些关于男性健康的书籍，家庭的这个顶梁柱健康，你才能幸福。

他的健康就是你的幸福

婚姻可缓解人们的心理压力。已婚男士结束一天的工作回到家中后，工作压力会大大缓解。以色列的一项为期近20年的研究显示，婚姻越持久男性延年益寿的功效就越强大。

美国俄亥俄州州立大学医学院心理学专家贾尼斯则认为："女性是家人身体和精神健康的看护神，她们常常敦促男人去看医生，让他们吃得更健康。"马克·吐温曾经幽默地说："保持健康的唯一途径就是吃不愿意吃的东西，喝不愿意喝的液体，做不愿意做的事。"

很多男人喜欢做的事情，大部分是有损健康的，作为妻子，你有责任阻止他，并帮助他选择一种健康的生活方式。当你老公受外界干扰太多时，你不妨建议他学习冥想，或者夫妻俩一起学习。冥想可以消除人的压力和焦虑，帮助你找到内心的平静，安神静心，促进身心健康，化解烦恼。

此外，家里也要常备一些应急的常用药，有备无患。比如小孩肚子疼的药品，跌打扭伤的膏药、普通的感冒药、消炎药，老人支气管类药物等。家里备药是为了应急之用，千万不要乱吃药，有病还是要及时看医生。

作为女人，如果你在家悉心照顾家人的起居饮食，关注他们的情绪变化，注重保健，防患于未然，就可保证一家人的身体健康，精神愉快。一个健康快乐的家庭，定是幸福的家庭，而你则是幸福的妻子，快乐的家庭医生！

红颜未必薄命
——智慧女人的幸福人生

第5章

美丽的女人不一定是智慧的女人，但智慧的女人一定是美丽的女人。我们可以不美丽，但是不能不智慧，更不能让美丽成为我们不智慧的阻碍。胸大无脑的时代已经过去了，现在美丽又兼备智慧的女人越来越多，她们更懂得如何丰富自己的内心，让自己的“美丽”永不褪色！

part 1

美貌诚可贵，智慧价更高

从商业的角度看，美貌是贬值的资产，贬到最后，一文不值。

假设美女的黄金年龄是30岁，那么，在25–30岁这五年时间里，她仍然美丽，窈窕的身段、迷人的容貌……但是，30岁以后，美貌的消逝速度会越来越快，如果你的行业属于吃“青春饭”一族，那你的价值就会迅速下跌。这也是为什么好多漂亮的女性都拼命想要甩掉青春偶像和花瓶的包袱，勤奋努力地提高自已跻身于实力派的原因。

青春易逝，唯有智慧永不衰老，伴你一生，为你创造比“美貌”更高的价值。

美貌，装扮得好是一剂“补药”

有人说：“一等美女飘洋过海，二等美女深圳珠海，三等美女北京上海。”尽管这句话是上个世纪90年代的顺口溜，在今天看来也许有些过时，但是，透过这句话，你可以看出它的实质：美女总是云集在经济活跃且发达的地方。

在北京生活过的人都知道，赛特、国贸、燕莎等地是众多美女的居住地，因为这里聚集了无数的外资企业和北京的

大公司，因此，这里也聚居了无数美女，几乎都是这些企业的“白骨精”。

对从事商业的女性而言，美貌是有价值的。

一些企业，在招聘女性员工时，“外表佳”是重要的指标。现在，大学毕业生比比皆是，硕士也不稀奇，对一些企业来说，用人的标准除了能力外，外表也是一个重要的因素，在智商同等的条件下，拥有美貌的女孩，更容易让人认可，尤其容易获得客户和消费者的认可。因此，拥有美貌、天资聪明的女孩，更容易找到自己满意的工作。

而相貌平庸的女孩，如果不自信，看起来灰头土脸的，对不起，你就是导弹专业，招聘者也得三思，因为你的消极情绪会影响到别人的心情。这就是相貌平庸的女孩找工作难的原因，她们的职业之路很难一帆风顺。

小琳和晓君是大学同学，大学同修企业管理专业。她俩情如姐妹，不想因毕业而分开，于是，相约同去一家公司应聘。

小琳比晓君大三个月，皮肤白皙，相貌出众，媚而不妖，清纯洒脱；而晓君则相貌平平。两个人的能力不相上下，都才思敏捷，口齿伶俐。

她俩一起到人才市场应试，或在网上投简历。每次，小琳都被录用，晓君却杳无音讯，为了承诺她们的约定，小琳每次都推掉了就业的机会。

一个月之后，小琳又收到某大企业通知她去上班的电

话，在她犹豫之时，晓君对小琳说，你先上班吧，别担心我，你的起点本来比我高，我们能在同一座城市就OK了。

同样是大学毕业，同样的专业，两个女孩同时应聘一份工作，命运却天渊之别。

在职场上，两个女人一起竞争某个岗位，获胜的一般都是漂亮的女孩——除非不漂亮的女孩有高出漂亮女孩数倍的才智和能力，否则，容易获得成功的，还是漂亮的女孩。

在学历和智商同等的条件下，企业更偏爱拥有美貌的女孩，相对而言，因为美貌能更好地促进同事之间的和谐，能更有效地开展工作。

拥有美貌的女孩，在公司也深受老板的偏爱，一些企业老板对那些既长得漂亮业绩又好的女孩，很乐意多付她们一点奖励。企业老板对美女有好感并产生某种程度的偏袒，也属于正常的社会现象。

在今天的社会里，人人都爱美女，因为美女给人以舒心感，那份诱惑往往可望不可求，所以，美女才有其独特的价值。如果能正确对待自己的美貌，让它为你的成功之路加分，不失为智慧的选择。但是如果以美貌为赚钱的资本，或者去做小姐，或者成为有钱人包养的对象，那就可惜了。

有智慧的美女都深知自身的这种价值，所以，聪明的她们把这份“美的诱惑”精心烹制成一剂“补药”，让自己的伟大梦想实现得更容易。

守住你的永恒资产——智慧

对女人而言，美貌会随着时间的流逝而褪色，甚至消失怠尽，一文不值。而你所拥有的智慧则会伴你一生，永不凋谢。

年轻的时候，你明眸皓齿、花容月貌，活脱脱一个大美女。你走在大街上会吸引无数青睐的目光。你也许会美滋滋偷笑，或暗自得意……

是的，因为你长得美，人们投来羡慕、欣赏或妒忌的眼光。但是，你要知道，花儿虽美，开放的时间却有限，当你的青春逝去，脸上布满皱纹，头发花白的时候，如果仍有智慧之光在闪烁，你的人生就完满了。

古人云："腹有诗书气自华。"意思是说，读书能予人以智慧，让人从里到外洋溢出与众不同的气质。

一个女人，如果你腹中装满智慧，你一定是个充满自信、乐观和具有主见的女人。在外人眼里，你虽然外貌一般，但是，由于你娴静、优雅的举止，会弥补你外表的欠缺。你有自己的思想就不会随波逐流，人云亦云，女人这种由内而发的气质，往往具有一种勾魂的魅力。

而一个光有美貌没有思想、没有主见和没有修养的女人，她们外表尽管很美，但她们往往说些不合时宜的话，做令人匪夷所思的事，这样的女人，刚看上去会让人眼前一

亮，但是接触久了那空洞的眼神和虚无的大脑就会让人感到俗不可耐。

笔者有一个朋友，他老婆已经38岁了。在他眼里，老婆的爱好除了打麻将就是逛商场，没事就没完没了看电视上的娱乐节目。她总喜欢穿一些自认为很可爱的少女服饰，不是袒胸就是露背或露脐装，还带着一些蕾丝边和卡通小动物，说话嗲声嗲气，让人觉得很不舒服。

有一次，她上身穿一件露脐装，下面套一条超短裙，在街头正好遇上笔者。一见她的样子，笔者差点晕了过去。

要知道，女人真正的美，源于智慧，源于内在的涵养，它是一种文化与知识的力量。不要担心青春的消逝，每个年龄段都有自己独特的风采。用外在的东西来掩饰，只能是欲盖弥彰。

智慧的女人充满自信，这种自信不仅来源于知识，也来源于经验。她们拥有观察世界的眼睛，欣赏与发现共存。她们的心灵是豁达博大的，积极进取的心态、乐观向上的精神都是智慧独特魅力的体现。

拥有智慧的女人，既注重外在的美，同时，也重视内涵的培养与提升，她们的气质就足以带给人美感，这种美，不受年龄、服饰和打扮的制约，即使她已徐娘半老，也依然风韵犹存。

所以说，女人唯一永恒的资产是智慧！

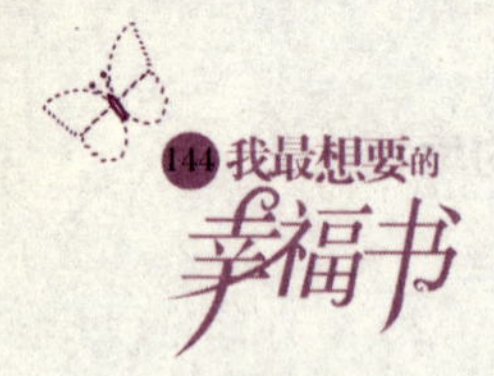

当美貌贬值之后，没人愿意为你买单

智慧的美女是一剂毒药，但似乎没有多少个男人愿意单纯为这种美貌买单。

据网上传闻，美国有一位漂亮女子，花重金在《纽约时报》上刊登了一大幅征婚广告，把自己的美貌长得如何如何作了一番描述，并将自己的身高、体重及三围等公之于众。要求应征者年薪一百万美元以上。从征婚广告的内容上看，这位美女对自己充满信心，钻石王老五乃是囊中之物。

这位美女最后钓到了一条什么样的金钱龟姑且不去考究，有趣的是，有好事者为此事专门采访了一些有钱的银行家。其中华尔街一位银行家对此消息颇为不屑，对采访者说：是的，我有钱，但是，我不会乱花，我懂得投资，我相信，我的财富随着时间的流逝会增值，而你的美貌，随着时间流逝只衰不增，这样的赔本生意，做来何用？

这让人不得不联想起当今的中国女大学生，媒体不厌其烦报道因有些女大学生毕业后找不到满意的工作，采用征婚的形式，傍大款，并振振有词地说，这是双赢的选择，各取所需，云云。

不可否认，在财富成功论观念的驱使下，女人的观念改变了，她们开始懂得红颜美貌的经济价值，她们的想法变得越来越现实，我拥有年轻和美貌，它是有价之“物”，为什

么不充分体现它？大有“美貌使用要趁早、不用会过时”的感叹，于是，在这种风气的影响下，有足够资本的美女整天想着不劳而获，嫁大款或傍大明星，用青春换取荣华富贵。

然而，你有没有想过，青春易逝，容颜会老，美貌不可能陪伴你一生。当你跨进30岁或40岁的门槛之后，美貌不再成为你夸耀的资本，这时候，你身上还有什么值得显耀的？

当青春逝去，如果你依然脑袋空空，每天除了拼命往那张老脸上涂脂抹粉外，毫无可取之处，男人一定会嫌弃你，觉得你越来越没有品位。这时候，你引以为傲的东西都变成了贬值的资产，失宠或被遗弃只能怪自己。

从经济学的角度来说，美貌是贬值资产，随着时间的流逝逐渐褪色，那么贪恋你美貌的男人就会离你而去。那青春的逝去就会带走你拥有的一切。

现在开始，用智慧补充你的大脑吧，这样你就不会为矮小而自卑，不会为容貌而羞愧，更不会为年龄而伤感，因为随着岁月的历练，你的光彩会发出耀眼的光芒，知性的美丽让每个人都为你沉醉。即使四五十岁，你仍然是美丽的，无论何时都会有人欣赏你睿智的思维和优雅的气质。

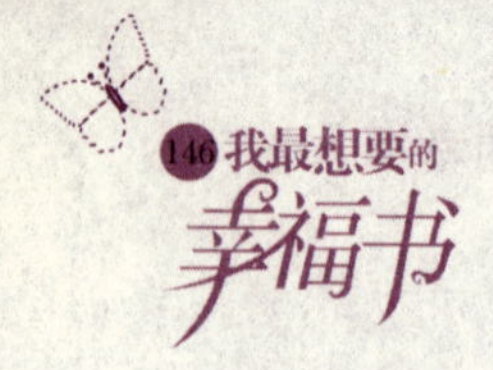

part 2

浪漫情怀，幸福心态

浪漫是一种心态，它不一定是玫瑰，也不一定是花前月下。一个眼神、一句赞美、一个拥抱都是浪漫。浪漫是爱情的保鲜剂。在现实生活中，如果你经常引导你的男友去体验某种浪漫，让双方在享受浪漫的同时，完全地放松自己的心情，或重新审视自己，审视眼前的困惑，从而更好更有激情地面对生活。那样，你的生活就会充满光彩，你们的关系也将更加牢固。

懂浪漫的女人，一定是一个幸福的女人。

浪漫与激情无关

每个女人都曾经有过浪漫的经历。比如在夕阳中漫步，傻乎乎和他一起爬上高山去看日出；或在情人节那天，穿上最合身的衣服，将自己打扮得如天使般出现在他面前，给他一份意外的惊喜；或背上一把吉他，两个人骑自行车到郊外去野餐……

可是，当恋爱趋于稳定，当你们走入婚姻，这些激情好像都不在了。两个人每天在一起，你已习惯了这种平淡，久而久之，那种令人销魂的激情没了，浪漫的心情也没了。没

错，激情过后的生活是平淡的，可这是一种相对的平淡。但是千万不要把浪漫理解成刺激，找一个情人或来一场婚外恋，误把偷情当做浪漫享受。

女人无一例外都喜欢浪漫。女人的浪漫不着痕迹，却能让人意外地惊喜。幸福的女人懂得在平淡的生活中寻找浪漫。一次简单的牵手，一顿精心安排的烛光晚餐……浪漫没有分别，是一种奇妙的感觉，是一种年轻的心态。

对结婚的女人而言，浪漫是不可缺少的，它会让女人更加美丽可爱，因为它可以润滑夫妻之间的感情，促进家庭和谐，增强女人的幸福感。

有这样一个妻子，她老公是火车司机，在他35岁生日那天正好当班。

为了给老公一份特殊的生日礼物，她特意坐上与老公对开的另一列火车，就是为了和老公的那列火车相遇，从火车上隔窗看一眼老公。

傍晚时分，她激动不已，两列火车终于在某个停点站上相遇，在两列火车徐徐开动的那一瞬间，这位妻子看见了她老公，她老公也看到了她，她举着一束玫瑰，安静地贴在玻璃上，静静地看着火车渐渐远去……

谁都相信，这位妻子在那一瞬间的深情与动容，会让她的男人记忆一辈子。这就是浪漫的魅力，它真切、动人，有时可能惊天动地，有时却又如潺潺流水，不经意间温暖你的心田。

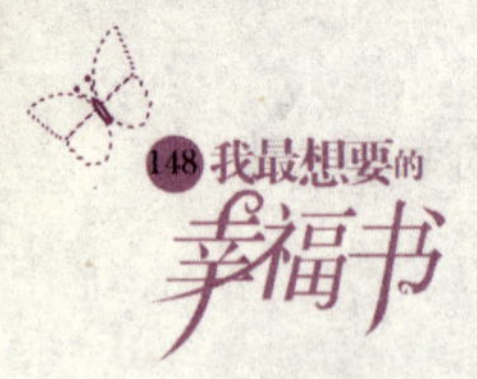

很多夫妻结婚以后就不再浪漫，尽管女人内心对浪漫的向往依然强烈，但是生活的压力迫使她们放弃了浪漫。日常用品代替了玫瑰，油盐酱醋代替了浪漫的咖啡厅，肥皂刷代替了电影院。有这样一句话说："草地上开满了鲜花，可是牛群来到这里发现的只是饲料。"

其实，浪漫是一种心态，是一种情操，一种修养，一种超脱。感情的粗糙和浅薄才会缺乏浪漫，浪漫是自己营造的。具有浪漫情怀的女人，不会斤斤计较个人的得失与恩怨，她总是制造力所能及的浪漫气氛，让自己过得更舒坦，更开心。

幸福美满的爱情，犹如炉子里的火，需要源源不断地添柴加薪才能熊熊燃烧，直到生命的终点。持久美满的爱情，是需要一些浪漫的，这也需要双方的共同努力，才能让你们的感情根深蒂固。但是也不要去刻意追求形式上的浪漫，只要两个人开开心心，共享生活的美好时光，那就是最大的浪漫。有一首歌唱得好："我能想到最浪漫的事，就是和你起慢慢变老。"

重拾恋爱感觉，做有情有趣的女人

在恋爱的时候，你无意的浅笑，都会勾起男友的遐想。但是，恋爱一两年之后，你也许变了，你认为，调情是

“坏”女人的专利，不是“淑女”的行为。更多的时候，你不屑于调情，即使偶尔激情一下，也是为了迎合伴侣的要求，把调情当作满足性爱的手段。

对于真心相爱的伴侣来说，调情是天经地义的事。即使恋爱或结婚多年，两人凝眸对视，也会触景生情，激发对方的爱意，使彼此更加关爱和体贴。

一份关于男人婚外情的调查说明，男人之所以向往婚外恋，与女人不懂调情有着密切的关系。

一个结婚6年的女人，一天夜里，她突然发起神经病来，想把老公推醒。可是，她老公却仍然打着呼噜继续大睡。妻子很无奈，又睡不着，长夜难熬啊，于是起床翻看老公的手机信息。她发现几条暧昧的短信，来自同一个号码。

她断定，老公跟这个女人有密切的关系。那一刻，她很失望，痛苦万分。她强压制自己的情绪，努力回想自己一路走过的婚姻。

她发觉，6年的婚姻生活越来越乏味了。老公似乎也变了，从前每天他都会吻她一下再去上班，现在也没有了。她在路口接他下班也成了过去。甚至夫妻之间必修的“功课”，在老公那里已演变成常人所说的“家庭作业”，她接受不了这种现状。难道传说中的七年之痒就要来了吗，她开始感觉到前所未有的恐惧。

后来，她请教一位心理学专家，把自己跟老公相处的实

情一点不漏地告诉专家。专家听后，跟她说，在婚姻头几年，因为工作与生活的压力，你们忽视了满足对方心灵需求的形式，久而久之，形成一种习惯，这种习惯窒息了夫妻之间的浪漫情怀。后来，你们按这种习惯生活，由于生活方式呆板，少了一份情调，没有浪漫气氛的激活，因此，婚姻生活越来越觉得乏味，如一潭死水。

在专家的建议下，这位女士从改变自己的习惯开始，尝试让自己变得有情调，比如她买了两件性感的内衣，计划跟老公吃一顿烛光晚餐，并策划了一次浪漫的旅行……

对男人来说，这种变化足以让他喜出望外，视觉重生。

两个人从陌生到相识走在一起，有很多的第一次，在恋人眼里，所有的第一次都是有趣而浪漫的，因为浪漫，所以难忘。不论多么忙，只要有精力，就要创造机会，重温相识以来经历过的“第一次”。

这种做法非常有效，它可以激活对方的激情，让双方重新享受缠绵、痴迷的初恋感觉。

除此之外，送礼物的环节不可少，互送礼物不在礼物本身贵重与否，关键在于态度，当老公送礼物给你时，不要说：“我们还玩这一套，太浪费钱了，够孩子学费了！”你这么一说，就会掐死他内心那一份存留不多的浪漫情愫。其实，送礼物是情侣之间最常见的浪漫方式，它会让婚姻生活充满情趣。

如果你是一个浪漫的人，将这种纯真的心态保持下去，也是对生活的一种热忱。一个善于制造浪漫的女人，一定也是一个有情调的女人，这样的女人，婚姻的幸福指数会更高。

保持一生恋爱的心态

如果说，送花、雨中漫步或伫立在恋人的楼下久久不肯离去，是初恋时的浪漫，那么，相恋一两年后，两个人彼此依然倾心相爱，有共同的爱好，一起听歌、下棋、看光碟，或干脆黏在一起，回忆相识时的美好时光，也能体会一种浪漫的感觉。

但是，由于受工作压力或平凡琐碎事情的影响，很多女人不得不卸下浪漫，让自己在家庭琐事的高速公路上奔跑，没有办法放慢车速或停下来，欣赏另一种人生的美景，这本身就是人生的一种悲哀！

另一方面，由于男女之间神秘的面纱已撩开，彼此看清了对方的真面目，在这种情况下，如果女人不求变化，很快会给男人一种“熟悉的地方没有风景”的感觉，男人生来就是视觉动物，一旦对你“审美疲劳”，求异求变的欲望就会牵扯着他，并刺激他寻求另一“番”人生美景。

所以，女人一定要保持一种浪漫的情怀与心态，因为具

有浪漫气质的女人会散发出一种恬淡的美，最能吸引男人的心。

法国存在主义女哲学家波伏娃，她之所以能和著名哲学家萨特倾心相爱长达51年，一个重要原因就是他们都很浪漫，对生活浪漫，对爱情浪漫，甚至浪漫到允许对方从不同异性那里，体验恋爱的感觉——即使对现代女性而言，这听起来都不可思议。

1929年，芳龄21岁的女孩波伏娃，以第二名的资格取得了巴黎哲学教师的资格。而名列榜首的则是年轻有为、才华横溢的萨特。

在巴黎这座浪漫的城市里，波伏娃天资聪颖、亭亭玉立。萨特从认识波伏娃那天开始，就被她那深邃、明澈的目光深深地吸引着。当萨特那超群的智慧与波伏娃聪颖的天资相碰撞时，彼此都喷发出一种前所未有的激情。

没过多久，他们相爱了，像所有相恋的情侣一样，他们常漫步在校园的小路上，徘徊在巴黎的大街上……

他们相恋、同居5年，但没有结婚，也没有建立共同的“家园”，而是各自保留自己的住处，体验浪漫人生。在巴黎，要么萨特去波伏娃的寓所，要么波伏娃到萨特的“家”。如果有一方离开了巴黎，他们也会彼此飞鸿传情，传达爱意。一年一度的假期，他们婉拒所有朋友的邀请，尽情享受属于他们的二人世界。他们谈论哲学，或品味两个人在一起

的那一份美妙和安静；或出游欧洲各地，看画展，寻访文学大师的遗迹……

有一次，为看凯依·弗朗西丝和威廉·鲍威尔主演的《单行道》，萨特拉着波伏娃在倾盆大雨中跑了一整天，波伏娃没有一句怨言，两个人乐此不疲。

1934年，萨特在执教的勒阿弗尔中学，认识了波伏娃的学生奥尔嘉。萨特喜欢上了奥尔嘉，冷落了他和波伏娃之间的爱情。之后，波伏娃负气离开萨特。这件事给波伏娃带来极大的刺激，使她更加深刻地领悟了妇女地位的低下和处于被动状态的真实。以至后来她以这段亲身经历和体验为蓝本，写了存在主义小说《女宾》，这部小说与萨特的《恶心》齐名，记载于世界文学史上。

萨特和波伏娃的爱情是浪漫的。两年后，萨特深深地思念波伏娃的浪漫情怀。而波伏娃也没有一气之下投入他人的怀抱，她深深感到，谁也无法替代萨特在她心目中的位置。当奥尔嘉离开萨特之后，波伏娃又回到萨特的身边。他们相爱如初，互相吸引，心情愉快，由爱激发出敏锐的才思，从此他俩携手走进了事业的黄金时代。即使他们已经功成名就，也没有结婚生活在一起，而是维持各自独立的生活方式，保留各自的私人空间，保持一种浪漫的情怀，一辈子做对方的情人。

萨特和波伏娃的爱情是崇高的、浪漫的，是世人仰慕而难以做到的，他们平等以待，互尊互敬。

在萨特的思想中，波伏娃的才智是普通女人无法比拟的，她是萨特固定的、惟一可以阐述观点的对话者。在他们的交往中，除了契约式夫妻关系和情人的身份之外，他们又是研究哲学问题的伴侣，平等的对话者，这是一般智商的女人无法做到的。

两个人有着同样的目标和追求，这也是他们保持爱情不"褪色"的一个重要原因。除此之外，他们两个人身上那份浪漫的情怀，也是他们爱情永久保"鲜"最重要的因素。

part 3

寄托幸福等于自掘坟墓

每个人心中，都有一根支撑生命的"精神支柱"，对很多女孩来说，在某一阶段，挚爱也许是她的"生命支柱"。一旦挚爱离她而去，她或许真的就活不下去了；对某些女人来说，经济是她生命的支柱，没有了钱她的生活是一塌糊涂。

当你每一次经历困难和挫败时，都会有精神支柱来支撑着你，让你勇敢地重新站起来。但是，幸福是不能寄托的，她和尊严一样，不能靠别人给予，你只能是自己给予自己的，要靠自己为自己争取。

做个经济独立的女人

女人要想有独立的人格，一定要有一份自己的工作，只有靠自己的劳动创造价值，这样的女人才会有更美丽的人生。一个经济不独立的女人，将会成为寄生和累赘的代名词。

而且，女人只有经济独立了，才有资本追求独立的人格。

如果你在和朋友逛街的时候，发现自己喜欢的东西，只要在经济范围内，掏钱就可以买下。可如果你花的是老公的钱，那就不一样了，你可能拿起来，又放下，舍不得，可是还怕对家庭帮助不大，人家会指责你乱花钱。这对一个女人而言真是一种悲哀。如果你家境一般，你老公是一般的工薪阶级，而你选择留守家庭，不再工作，每天除了打理那点家务之外，无所事事，靠老公每月的工资养家，买件衣服或化妆品什么的，都要向老公伸手；娘家那边有什么红白喜庆哀伤事，也要问老公要钱，就是脾气再好的男人，心里也会慢慢地产生不爽，尽管你为这个家的后方付出得并不比他少，也不能理直气壮地和他对峙，因为他肩负着养家的经济重任，他有压力。

因为你经济不独立，所以家里有什么重大的决策，你就很可能失去发言权，对老公也只好言听计从了。

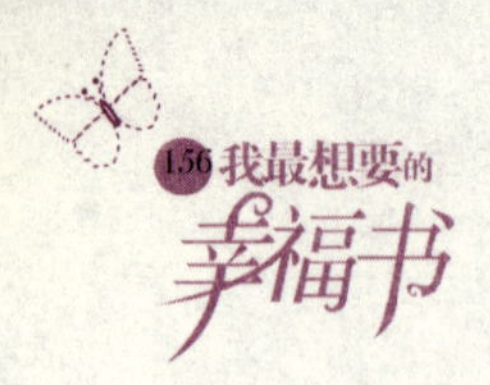

久而久之，你的内心就会变得麻木，因为长期的居家会让你失去上班族的锐气，以一种“托付心态”，将一生完全依附在老公身上，这是对婚姻的莫大伤害。当你把幸福完全寄托在一个人身上，如果这个人不在了，或抛弃你，或背叛你……你还有勇气重新站起来独立生活吗？

在现实生活中，这样的不幸屡屡发生，过去有，现在更多，以后也不会比今天少。女人必须要有钱，因为过去的社会不允许女人出来工作，造成了女人卑微的地位。

其实，做个经济独立的女人并不难，即使你不选择做全职，也可以做兼职或独立经营。如果你老公收入不错，你可以把他给你的养家钱充分“利用”起来，用这些平时积攒起来的钱，选择自己喜欢的生意，或投资项目，比如开个小卖部，开个小书吧，或开个小型咖啡厅等等。这些都能保证你有自己的经济来源。你可以骄傲地拿着剃须刀对老公说：“这是我送给你的。”而不用听老公的下一句话，花的还不是我的钱。

当你拥有了独立的经济能力，你买东西的时候考虑的就仅仅是它的价值，而不是这个钱出自何处。有了钱，才会有地位，才会有话语权，才会得到别人的尊重。你婆婆也不会说你花的都是他儿子的钱。

经济独立，你就不会成为别人的附属品，你也就有了更多的选择做回自己，活出一个真实的自己。

好男人不是管出来的

对待男人就像放风筝，你就是风筝线，无论他飞多高，小样，都攥在你的手心里。时松时紧，让他放心去飞，却不得不跟着你的节奏，这是对待男人最高明的招数。

有时你会发现，男人莫名其妙地发火，或者不知何故沉默寡言，甚至借故公司有事到外面去……你一定以为男人是去做什么见不得人的事情，可能会阻止或者和他大吵。

其实，这与你对他的管制有关。男人不喜欢被管着，他们也想要有自己的空间，而不是时时刻刻都和你黏在一起。

两个人生活在一起，但仍是两个独立的个体，每个人都有自己的社交圈子和生活空间。他下班出去和朋友喝酒或者聚会你要管，他每个月的工资你要管，甚至他在公司要怎么做干什么你都要管。男人的钱包归你可以，但是想要男人的自由也归你，那是一个笨女人才会做的傻事。

你可能以为自己的管束并没有错，至少它暂时满足了你驾驭男人的欲望，但是，由于你的颐指气使，伤害了男人的自尊，导致他没有自己的生活空间，没有自由，他会对你越来越不“感冒”。

男人跟你谈恋爱或结婚，不是要你管制他，而是希望你给他带来快乐，从而更加自信地工作，实现自己的价值，为你和家人创造更好的生活。

聪明的女人，绝对不会去干扰男人的工作和个人爱好，相反，她会放更多的心思和时间为男人创造一个舒适快乐的环境，让他感到舒心，解除工作的烦恼。男人被管得越紧，他的心就飞得越远。

过多地给男人限制，他很快会丧失独立的人格，久而久之，他要么可能变成一个没有自信的“木头人”，“烂泥扶不上墙”。或者对你产生厌烦的心理，想必每个女人都不愿意有这样的结局吧。

即使你“锁”住了他的身体，不给他机会从事社交活动，不让他认识新朋友和新鲜事物，但是，你能锁住他的心吗？索性给他自由吧，像放风筝一样，无论他走到哪里，只要线是牵在你手中的就行。

泰戈尔曾经说过，你若爱她，就让你的爱像阳光一样包围她，并且给她自由。

这句话虽然是说给男人听的，但是，放在女人身上也同样奏效。你如果真心爱他，就不要管制他，剥夺他的自由权，应该放飞他，让他自由翱翔，寻找他的梦想。

也许你会担心，给他太多的自由，会不会纵容他？这种担心是多疑的，如果你是一个自信的女人，经济独立，人品又好，他当然舍不得离开你，更不会滥用你给予他的自由。反而会因此而感激你，那么家对他而言就是最温馨的港湾，而不是一个监狱，进去就出不来了。

“妻管严”后遗症

人们习惯把那些被女人管制的男人，称为“妻管严”。你可能想不到，你对老公的占有竟然会让老公在朋友面前如此没面子吧。

如果一个男人被管成了“妻管严”，那你就别指望他将来能有什么出息了，除非他跟你离婚，否则，他极有可能被你摧残成一个一无是处的男人。对女人言听计从，唯唯诺诺，丝毫没有自己的主见，若是一个本身就不求上进的男人也就安慰自己算是为了家庭稳定为了爱，可是对一个本来有着雄心壮志的男人而言，你的管制、你的压制对他而言只是暂时的，他因为对你的爱，没有反抗你，但是真有那么一个机会的话，他一定会反击或者离开你，这样的管制无疑是你们生活中的一个隐患。

有这样一对夫妻，他们结婚才5年，老公30岁，女的28岁，老婆却总觉得自己渐渐显老，而老公那张娃娃脸长得越来越帅气，出去应酬的机会又越来越多，总担心老公有外遇。

有一次，老公带她出去应酬，一个女性朋友当着她的面，称她老公为“小白脸”，她心里十分难受。

又有一次，因她老公出门迟迟未归，回来后两口子大吵了一场，吵完之后，她连夜制订出一套独门“家规”——老

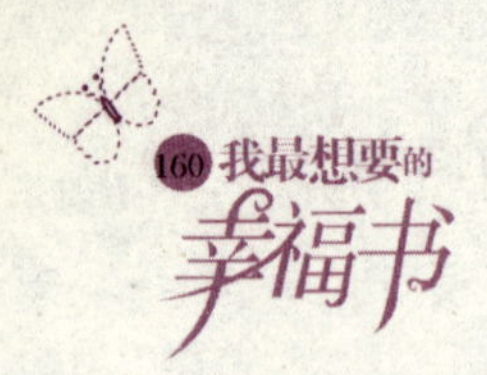

公晚上出门要签“出入证”，“出入证”需说明出去做什么事情，几点出家门，保证在什么时候回家……

有一天晚上，她老公需要出门应酬，当然要填写“出入证”，他用圆珠笔在“出入证”写着：“我于×月×日晚8时30分去××茶楼和朋友谈事，保证晚上11时30分前回家”。如果当晚按时回到家，几句唠叨后也就平安安无事了。

如果哪天不签证出门，或者不按预约的时间到家，她准会把家闹得天翻地覆……

像这位妻子，为了考察老公在外是否有“名堂”，掌握老公的行踪，不让老公某天突然从自己身边“飞”走，用这套方法管制他，其实是很不明智的手段。透过这种管制的背后，看得出来，夫妻之间早已失去了互信，她的行为赤裸裸地告诉这个男人，我不信任你。

夫妻关系走到了这个地步，已经完全丧失了互信的基础。那么，这样的夫妻，即使不离婚，同睡一张床，其关系早已名存实亡——只有愚蠢的女人才会做这种不明智的事情。

她这么做，是把自己的婚姻生活一步步推向深渊，远离了幸福的天空。

part 4

智慧女人，提升幸福指数

在日常生活中，你也许经常听到这样的赞美：

这个女人很聪明！或这个女人很有智慧！

当你听到这两句话时，感觉没有什么差别，都是普普通通的赞美之语。其实，聪明与智慧有着本质的差异，并不是一回事。

聪明是属于先天性的，聪明的女人的确可爱，外表的光芒令人惊羡不已；然而，在现实生活中，很多被认为聪明的女人，其“生活”和“人生”往往并不顺利，甚至一事无成。

而拥有智慧的女人则不同，她们未必都很“聪明”，她们可能是“愚公移山”中的愚公——她们的眼光不会盯着自己的脚指头，而是看得更远。为了日后的“结果”，她们可以装糊涂，她们心甘情愿吃眼前的苦或亏。

大智慧VS小聪明

郑板桥说过：“聪明有大小之分，糊涂有真假之分，所谓小聪明大糊涂，是真糊涂假智慧；而大聪明小糊涂，乃是假糊涂真智慧；所谓做人难得糊涂，正是大智慧隐藏于难得的糊涂之中。”

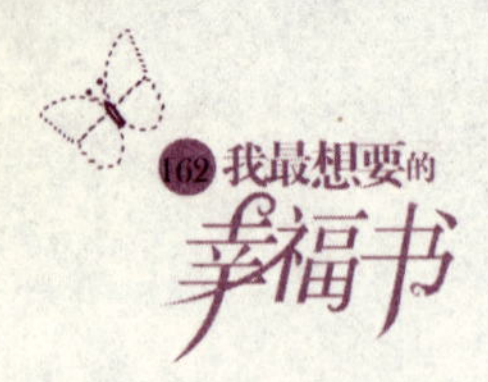

把这句话套在女人身上，简单地说，智慧女人不会靠自己的小聪明获得眼前的利益，而错失自己的未来。而那些所谓聪明的女人，可能会为了一时的利益，挖空心思，不择手段。结果她可能得到了自己想要的，却付出了数倍的代价。

智慧的女人处乱不惊，以不变应万变，甚至还有些大智若愚的感觉。当女人具有这种心态时，会生发出较强的领悟力，做事情敢于打破条条框框，独出心裁地走自己的路。

这种智慧体现在女人的一生中，大到对个人命运的驾驭，小到对日常生活细节的把控。因为有悟性的支撑，女人懂得如何处理各种大小问题，懂得如何把握分寸，冷静、快速而明智地作出抉择。

这种女人，在最需要聪明才智的时候，她表现得很睿智，在最需要糊涂的时候，也能明智地装糊涂。

有这样一个故事：

一天傍晚，一位女士单独在家。突然，一个手举菜刀的男人破门而入。女士心中一惊："不好，歹徒！"

心念闪过的一瞬间，她马上定住神，没有将惊恐之情表露在脸上。她灵机一动，笑吟吟对手举菜刀的男人说："嗨，你好，你是推销菜刀的吧，过来，请坐，我家正好缺把好菜刀，我们慢慢谈……"

歹徒十分惊异，愣住了看着她。

她指着沙发继续说："你过来呀，你请坐，噢，你只拿

了一把菜刀来是吧，那我没机会挑选了，把刀放在这，我先看看，恩，你也挺不容易的……”

经过一番温暖的话语之后，这位手举菜刀的男人凶狠的表情慢慢缓和下来了，也越来越像个“正常人”，脸上竟有一丝羞愧之意。这时，这位女士赶紧从钱包掏出钱，一边塞到他手上，一边利索地将他手上的菜刀拿过来，并高兴地说：“祝你好运，我们成交了。”

意想不到的是，这位男人乖乖地接受了这次“成交”，临出门时，他用感激的语气对这位女士说：“你用你的智慧救了自己，也改变了我的人生。”

试想，如果这位女士只考虑眼前的得失，一时情急，把生命置之度外，跟这位歹徒抗争，她肯定躲不过这一场劫数。正因为她装糊涂，并笑吟吟地把他当成菜刀“推销员”，她才不慌乱，没有大叫大喊，或躲藏或抗争，结果，她以不变应万变的心态，躲过了这场劫难。

一个智慧的女人，也是一个有内涵的女人，正是这些大智慧让她们在处于困境的时候不沮丧、不冲动、不落泪，积极地用自己的头脑去想尽各种办法，解决问题。在婚姻中也是一样，难得糊涂是女人生命中的“护身符”，一个幸福的女人一定不会是一个斤斤计较的女人，难得糊涂是一种幸福的境界。

包容是女人的一种美德

一个懂得包容的女人，身边一定有很多朋友，无论走到哪里，都会带来一片温暖、一分快乐，这种宰相肚量的内心，必然为她带来赞声一片。

你是不是经常对男友吹毛求疵？动不动就发脾气，并把他的缺点放大，在众人面前数落他，令他难堪？

爱世界容易，爱身边的人很难。如果你有这种倾向，等于拿对方的缺点惩罚自己，要么是你将生气进行到底，要么就是你和他分道扬镳，找一个没有一点缺点的男人。

女人是水做的，宽容的女人像海水，能涤荡一切，能包容别人，更能检讨自己的狭隘。人与人之间的情感如同在银行储蓄，你存的越多，得到的就越多。

现实生活中，很多女人都很有小脾气，遇到不顺心的事马上就生气。无论是她们真的爱生气，还是想借机让男人去哄哄，总之，她们容不得别人的缺点，更无法原谅男友的弱点，一心一意想改变对方，却从不乐意检讨自己的不足。

这样的女人其实是自私的女人，她们不能吃亏，又不够宽容，社会在她们眼中永远是不公平的，只要不是一帆风顺，就会一味地抱怨，泡浸在怨恨的深潭里，不能自拔。生活在这个社会大家庭中，免不了人与人之间有摩擦和冲突，一个乐观向上的女人是不会和别人较劲的。她深知退一步海阔天空。

有智慧的女人懂得宽容，她们知道，包容是一种理解，能清除内心的垃圾；包容如一泓清泉，能洗去心灵中不应该存在的自私与狭隘，使人宁静，洞悉事情的真相。具有包容心的女人高贵，它不计较个人的得失，并用自己的真诚感动对方。

对爱情而言，女人的包容则是一种珍惜，一种气度，一种对爱的感激心态。

2008年，各大媒体热炒某女星与男友分手事件，令很多人大跌眼镜。因为未过多久，两人对媒体宣布结婚。这个结果，令很多人傻了眼。

两人相恋20年，在男友被媒体报道与另一女星激吻5分钟触礁后，两人各自发表分手声明。在众人眼里，二人分道扬镳已成事实，但令人意料不到的是，有一天，其男友突然在媒体上发表声明，宣布她答应了他的求婚；此女星也通过媒体，向爱护她的朋友作了如下的表白：

我们一起共渡过不能尽算的高低起落，早已磨合了一套我们之间的相处艺术。一个人的问题，两个人去修正；一个人的挫败，两个人去承担。我俩是一个团队的，没分高低，输赢也是一体。任何一方受到伤害，另一方都愿意抵御百倍的痛。一起走过将近20个年头，绝对不是一般人准则的相爱，但是，外人总爱用自己的一套价值观去评价、批判属于我俩之间的爱情。

今天我能够自爱，懂得爱人，成为拥有无比勇气与承担的女人，请不要小看这个精神伴侣，在我背后，他为我付出过的一切努力，包容、宠爱，照顾与扶持，都是任何人无法估量的。

这一番表白，充分体现了一个女人的智慧与大度。

在表白中，此女星自始至终没有提及第三方，她这样做，既保护了自己，也给别人留了足够的面子，没有让任何人再受到伤害。

从两人的分合事件中，我们看到了一个女人对生命的一种豁达、大度与博爱。她理解男人、包容男人，她明白，任何一个人都不可能不会犯错误，人无完人，金无足赤。

一个懂得包容的女人，才有可能在危机面前把控得失取舍的分寸。她们懂得，人生是一盘棋，除了跟他人博弈外，更多是跟自己对弈，既然是跟自己博弈，得失与输赢有那么重要吗？

宽容是最高尚的一种美德，这样的女人不仅拥有宽广的胸怀，也会让周围的人活的怡然自得。宽容的女人是迷人的，那是一种由内而外散发的从容、自信，在男人心中，这种美丽要远远胜过容貌上的吸引。

知识，让女人的美丽写在心灵上

在大城市繁闹的街市上，随时可见美女，或天生丽质、纯朴可爱，而你见得最多的，也许是涂脂抹粉一族，她们靠后天的保养或脂粉的堆砌，来装饰自己，当然，即使是“堆砌”，也不乏赏心悦目。

有些女孩对化妆很讲究，打扮得体，但是，一旦跟她们接触，你会很失望。她们有的谈吐低俗，知识浅薄；或附庸风雅，矫揉造作。现今，很多女人只注重外表的包装，不重视内心的修养，其结果是，拥有一副看起来不错的皮囊，却是一个“涂脂抹粉腹中空”的架子。

古语有云：“腹有诗书气自华。”对女人来说，无论你从事什么工作，当你的个人事业发展到瓶颈时，能帮助你走出困境的是知识的力量，而知识是需要时间积累和积淀的。

张琳和肖美是大学同学。张琳大学毕业后选择出国留学，她一直读书、学习，即使后来选择回国，从事电视媒体工作，也坚持“充电”、“吸氧”，她善于思考、喜欢探索，敢于创新，在不断提升自己的修为中前行。她在自己的工作平台上展示自己的同时，也让自己的个人能力得到了提升，从而获得内心的满足，在工作中愉悦自己。

10年后，张琳事业有成，家庭和谐，感情和生活状态良好。她虽然不是世界上最有钱的人，但是，她内心富有，精神独立，从容自信，全身上下都散发出超然的气质。

相比之下，肖美就没这么好运了。大学毕业之后，在父亲的帮助下，她回到家乡那座小城市，在某个机构工作。后来，她跟当地一个官员结婚了。十年来，相夫教子，过着养尊处优的生活。

但在结婚十年后，有一天，她发现老公在外面包养情人，这无疑是晴天霹雳，她的生活彻底乱套了。她想过离婚，但是，她没有勇气独立支撑生活；她想过出走，但是，她舍不下孩子，也没有信心走出去单独打拼。她陷入了极度的痛苦与彷徨中……

两位好同学在10年后相见，一个是心中有梦的女人，她带着梦想，用学习、读书来充实自己，实现个人的价值，气质超凡。这个女人，给自己的生活涂抹了一道亮丽的光彩。相反，肖美则是一个安于现状的女人，时间的流逝和自身的生活环境已经让她丧失了自我谋生的本领，如今婚姻也危在旦夕。

好多身处安逸环境的人，每日喝茶看报，虚度年华，不注重自身修为的提升，一旦危机来临，不说“力挽狂澜”，连喊“救命”的力气都没有了，只好听天由命，听之任之。

社会是一个五光十色的大舞台，每一个角色都有自己的精彩，不要甘于平庸，即使你的工作是“铁饭碗”，也不要不求上进，碌碌无为。

一个知性的女人，平时喜欢读书和学习，经过了岁月与文化的长期浸润，心有琴弦，即使独自漫步，也不寂寞。你对自己充满自信，即使不施脂粉，也神采奕奕，风度翩翩，气质跃然眼中。

有知识的女人如同一杯醇香的佳酿，时间越久越沁人心脾，让人回味无穷。而再美丽的花瓶也能一窥到底，让人失去继续探索的欲望。知识让女人面对问题时有分寸，迅速做出明智的选择；知识能从内心塑造一个人的品行，让你看起来更自信，在人群中脱颖而出。

女人用智慧聪充实自己，不仅悦人悦己，还可以教育、影响下一代。

第6章

会说话的女人更具感性魅力

温柔、和悦、谦恭的言辞，每个人都喜欢听，也容易接受。会说话的女人是最聪明的，她们会用语言的艺术让所有人对她们“不可不帮”、“不得不爱”。都说好女人好在心上，坏女人坏在嘴上。凡事会说话的女人，都是好命的女人，都是会幸福一生的女人。

part 1

男人也爱甜言蜜语

“谢谢” “你好帅啊”、“看你忙成这样，我帮不上你，心里难受”、“我给你泡壶茶”、“对不起，又惹你生气了”、“不好意思，我来迟了”……

这些话虽然简单，表面上看似客套话，其实，却隐含着多层含义。

因为女人说这些话是站在对方的角度考虑的，对方听了，当然会感到舒心，身心愉快。即使你真的有什么不对，他的气愤也跑到九霄云外去了。

很多女人都明白，“良言一句三冬暖，恶语伤人六月寒”，但是，也许是女性的自尊心，也许是女人的矜持，她就是不愿意说或不会说一些甜言蜜语。心里明明很关心伴侣的情况，可话一出口就变了味。

女人在和恋人相处的时候，不妨大方点，不要吝啬你的甜言蜜语，如果你真的爱他，不要怕肉麻，海誓山盟都可以说。这样不仅你的心会不自觉地陶醉在爱情里，你的恋人也会积极地配合你说些有利于双方亲密的话语。

夫妻之间更是如此，不要以为两个人太熟悉了，老夫老妻每天在一起还要说这些话，有些人甚至害羞得说不出口。要知道，逐渐消失的甜言蜜语会成为你们婚姻的隐形杀手。

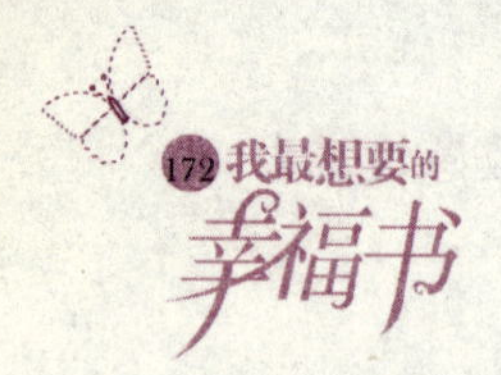

比如："老公，你真棒！英姿不减当年！"或者你做错了什么事，不要大声地呵斥：你难道就都对吗，有什么资格说我。这样一场战争在所难免，久而久之老公就会觉得你不可理喻了。男人是喜欢自己强势的动物，你的势头压过了他，会让他心里很不平衡的。你倒不如软下来，柔声细语地说："人家错了，你就原谅一下吗，你是男人吗，应该大度点啊！"相信每个男人都不会再继续责怪你了。

但是对别的男人说甜言蜜语就要谨慎了，无论是对男同事还是上司，尽管夸赞的话很受用，但是也不要太过亲密，要注意分寸，以免让人产生误会。

感激的话要说出口

你是否认为，真正的感情其实不需要用言语来表达，任何言语都难以表达你那一刻的感激之情？你认为，把感激之情记在心里就行了，不需要挂在嘴边，或者，说出来了，反倒显得空洞或虚伪。

是的，很多女人都曾经有过这样的经历，她们觉得，越是亲近的人，有些感激的话，越难以开口。妈妈的爱，老公的好，婆婆的照顾……你不要以为他们都不在意，其实一句感激的话语往往要比你记在心里的情感更实际，至少可以明确地表达出一个意思：那就是你感激他们，即使他们是你的亲人或者你最好的朋友。

其实，解决这个问题，就是咱口语说的“会来事儿”，“嘴甜”，就是指一个人特别会处理事情，让大家都觉得很满意。这除了要有一个良好的心态外，更重要的是懂得表达，善于表达。你觉得“爱你在心口难开”，是因为你不知道怎样表达，羞于表达或者你忽略了人对语言感激的需求，这和你对人情世故的理解有很大关系。

有一个乡下女孩，读初三那年爸爸因车祸走了。妈妈含辛茹苦地拉扯着这个家。在她们最艰难的日子里，她大舅父给予她极大的帮助——读大学的学费几乎全是大舅父出的。

她对大舅父心存感激，心里想着以后一定要报答大舅父，却羞于表达，她认为现在自己说的都是空话，等有成绩那天再感激大舅父吧，因此，从未当面说过任何感激的话。

有一次，她妈妈对她说，女儿呀，你都快22岁了，马上就大学毕业了，这些年，你大舅父帮我们不少，这个情，你大舅父不指望你将来会报答他，但我想，你应该有所表示，你表哥都说你了……

妈妈这句话，令她心里很难受，困扰了有一段时日。大舅父对自己家的恩惠，她心存感激。没有大舅父就没有她的今天。可是，她不知如何感激，她是一个不善于表达的女孩。

如果换一个善于表达的女孩，肯定不会缄默不语，会当即表达自己的感激之情，并时时都让对方知道她心里一直记着这份情，让对方知道她是一个懂得感恩的人，也让对方知道那一刻她内心的激动。

试问，如果你不说，对方怎么知道你对他的感情？即使帮助你的那个人，大家都相互十分了解，明了你的心，你也要用适当的方式将感激的话表达出来。

亲人、朋友或陌生人帮助你，是出于对你的关心和爱护，他们并不在意你是否终身记住这件事，或许也并不指望你将来会以什么相报，然而，他们需要的，或想听到的，可能是一句真心的“谢谢”，仅此而已。

如果你连一句“谢谢”的话都没说，对于你的冷漠人家有可能会这么想，这个女人不会做人，好像我帮她是应该的，天经地义的。如果你给对方留下了这种印象，那么就一定要改变了，这会让每个人心里都很不舒服的。

不少女孩都遇到过“表达障碍”的困扰，其原因：一是不会说话，不懂得表达；二是居于观念原因，羞于表达；三是不知道要表达，不懂做人……这对于女人来说，不能不说是一种情感和能力上的欠缺。

而能够准确、及时地表达自己想法的女人——善于表达自己的真实感情，这本身就是一种能力，具备这种能力的女人，更容易赢得他人的帮助，也容易为自己争取到更多的机会。即使是亲生父母，也会因此偏爱她一点，老公更是爱她到骨子里，她又怎么会不幸福呢？

男人也需要哄

女人都喜欢听男人的甜言蜜语，所以，男人投其所好，喜欢给女人灌“蜜糖水”，明知道是美丽的谎言，可女人都吃这一套。

其实，男人跟女人一样，也喜欢听美丽的谎言。善于表达的女人，会在适当的时候，说一些男人爱听的话，让男人快乐，自己也高兴，彼此互相取悦。

当然，也有女孩觉得，跟男人说甜言蜜语很虚假，矫揉造作，自欺欺人。如果你有这样的想法，说明你涉世未深，或者是一个假惺惺扮清高的女人，或是一个不苟言笑、死板刻薄的女人，那么你的生活注定会是气息奄奄，一潭死水，十分枯燥。嬉戏、滑稽、幽默以及打情骂俏等花前月下的浪漫事情，那些男女之间的生活情趣，自然都与你无缘了。

女人哄男人开心，本不是件什么下流的事。知道了男人的喜好，说一些他喜欢听的话，以此表达对他的爱意，他开心了，自然更关爱你，同时，你也收服了他的心，这种不花本钱的事，何乐而不为？

尤其在谈恋爱阶段，男人更希望听到来自对方的爱意表达。

有一对情侣，从相识、相知到相恋已一年多，女孩的父母极力反对他们在一起。

男的虽然家境一般，但是他聪明能干，很有上进心，女孩很欣赏他这一点。

有一天，女孩的父亲特意找那位男人谈了一次，表达了自己的反对意见——考虑男人的家境原因，担心女儿将来受苦。男人很受打击，情绪一度十分低落。

当女孩知道父亲找过她的男友后很不开心，也很紧张，当晚，她主动约男友出来。

在静悄悄的公园里，她抚摩着男友的头发，情意绵绵地说："亲爱的，对不起，我爸爸伤害了你，我代他向你道歉。我爱你，亲爱的，我会说服他们的，其实他们也喜欢你，我们努力吧，你很棒，亲爱的，我相信你，我相信我们在一起会很开心……"

在这种情况下，如果你准确把握了男人的心理，如这位女孩那样，知道他此刻最想听的话，并适时地表达出来，男人的苦闷便会忽然烟消云散，他会无比感激你，进而更珍惜你，疼爱你。

对于已婚女人而言，老公作为家庭的支柱，除了要承受来自社会、家庭、亲情以及金钱、地位等方面的压力外，还要不时挑战自尊给他带来的困扰，在他最脆弱的时候，很可能会把你当成出气筒发几句牢骚。这时候如果能听到你一句关怀的体恤语，那肯定感动死他了。你的温暖话语，尽管不能帮他解决眼前的问题，至少，给了他战胜困难的勇气和信

心。如果你没有这么做，反而很气愤地说："我压力还大呢，我和谁发去，都做着同样的事情，怎么就你压力大，没出息。"不仅一场争吵在所难免，男人以后恐怕也不会再和你交流什么了，因为你已经伤害到他了。

经常给男人说好话的女人，她们睿智，懂得男人的心，她们知道男人爱听哪些话，知道如何安慰男人。这样的女人会生活得很幸福，男人愿意和她沟通，跟她在一起有安全感，充满活力，男人会用一生的时间和努力回报这个女人。

站在对方的立场上说话

你是否有过这种体验，在你说话最多的那些日子里，你发觉你的伴侣故意远离你，拒绝听你滔滔不绝，甚至回避跟你说话，你感到被冷落了，却不知道问题出在哪里。

很多时候，你口无遮掩，逞一时之快，说话不肯服输，别人有反对意见，你就要和对方争执到底，结果得罪了对方，自己反而不知道。

任何一个人都有自己不想谈论的特定话题或禁忌，你跟对方谈话所涉及的内容，必须在安全可靠的底线之上，如果说的话越过了对方的底线，触及了别人的禁忌，就会伤害到别人或令人不愉快。

所以，一些知识比较渊博的、有修养的女人，在说话之

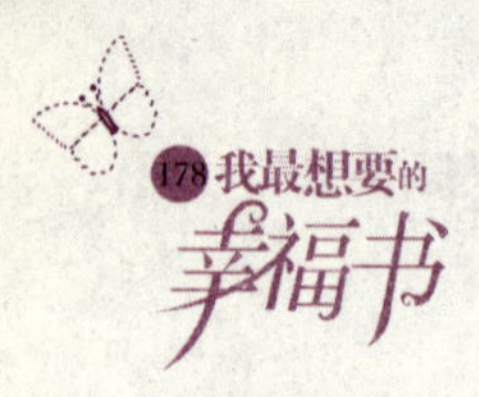

前，会站在对方的立场考虑，这样，对方不仅会跟着你的思路走，而且要达成什么共识也会成为一件很容易的事情。

很多女孩在说话时几乎是跟着感觉走，心里怎样想，就说出来，有时候已经得罪了对方，自己还一头雾水。

小丽是某品牌服装的区域经理，28岁。有一次，她陪市场部总经理阮总出差。

阮总是个快40岁的女人，性格开朗，热情大方，喜欢说说笑笑。她把小丽当小妹妹看。

在下榻的旅馆里，两个女人聊开了。毕竟是女人，共同的话题多得说不完。她们聊着聊着，话题自然转到了化妆品上。

阮总毕竟是个快奔四的女人，皮肤当然没小丽光洁滑嫩。她看着小丽光洁的脸色，面无色斑，便向她请教保养经验。

小丽便介绍如何保养，她先从去斑霜开始，如做广告，很有蛊惑性。小丽口若悬河，滔滔不绝，根本没给上司说话的机会，还开口问："阮总你多大？"阮总迟疑了一会儿，脸有难色，最后还是告诉了她自己的年龄。

小丽丝毫没有察觉到阮总的脸色变化。当她知道阮总的年龄后，盯着阮总的脸，惊讶地说："哇——你脸上的皱纹真多！好多啊，斑也不少，好显老耶，擦点去斑霜吧，你看我的皮肤又紧又光滑，就因为用这个产品。"

小丽一边说一边拽过阮总的手，试图去摸她的脸。阮总缩回了手，脸上的笑意消失了。小丽继续滔滔不绝，又从箱里子里掏出其他化妆品。阮总对小丽的“广告”不感兴趣了，开始整理自己的衣物，脸上全是领导者的严肃和威严。

小丽终于看出阮总不高兴了，开始没趣地收拾自己的化妆品……

阮总不高兴，当然是小丽惹的“祸”，她没有站在对方的立场说话。尽管对方没你的皮肤好，也不要开门见山、单刀直入呀。本来这个年纪的女人对自己的相貌就很敏感，你这样一说，人家肯定不高兴。何况这个女人又是你的上司。

说话不要跟着感觉走，心里想什么就说什么，即使很想说，也要考虑对方的感受，或者换一种方式表达，否则，因一句话让自己触雷，伤害了对方，自己也不好受，如果长此以往，还会影响到自己的社交和人脉关系，一个说话不受欢迎的女性，哪个人愿意接近她呢？

part 2

看人说话，深得人心

同是女性，同一句话，从不同女人的口中说出，味道却不一样，有的温柔得体，有的粗俗难耐；有的温文尔雅，有的恶俗难堪……

有些女人常说错话，皆因说话不过脑，不管别人喜不喜欢听，只管自己高兴说，完全不顾对方的感受。

说话是大学问，有的女人就是用语言征服了男人，同时，也征服了世界；而有的女人却祸从口出，恶语伤人，不但被别人鄙弃，甚至连以后发展的道路都被埋葬了。

说话先过脑再出口

你也许是个表现欲很强的女孩，喜欢在众人面前表达自己的思想，以证明自己如何雄辩。当然，你有这种权利，没有人可以剥夺你说话的自由。

然而，不管你多么雄辩，多么会说话，还须注意当时的气氛。一个女人，如果懂得在什么场合、什么气氛，说人人都喜欢听的话，那么，她一定是个非常受欢迎的女人。反之，如果一个女人在说话时，不注意场合的气氛，想说什么就说什么，不顾及别人的感受，或忽略其他人的反应，只顾着表现自己，痛快自己，这种行为，在大众眼里，是一种拙劣的表现。

有一个公司召开年终表彰大会。辛辛苦苦干了一年，终于等到了这一天，马上就要放假过年了，员工们因为没有工作压力，个个都显得很开心，会场充满着欢快的气氛。

在会上，公司领导邀请被评为本年度业绩最佳奖获得者上主席台发言，让与会者分享她的心得。

这位“女英雄”踌躇满志，春风得意，谈完了心得之后，在热烈的掌声中，她感触良多，言辞之间尽是感激的话语。最后，她说：“没想到，真没想到今天在这里发言的是我，我如履薄冰，因为我知道，在座的各位才是真正的英雄！”

她话音未落，只见台下一个女人抢过另一个麦克风，大声说：“不，是我们做得不好，我们不会向领导申请政策优惠，我们不懂跟客户暧昧，不够灵活……如果你不配当英雄，我们当中谁配？是不是啊，我们可从来没想过当什么……”

话没说完，会议主持人很不客气地抢走了麦克风……

本来是欢快的年终嘉奖大会，那位女获奖者已经够谦虚了，这个女人却跳出来搅和，那股酸溜溜的挖苦劲和讽刺味，连小孩子都听得出来。在这种场合，说这种话，实在不合时宜。

不看场合，不看对象，不注意当时的气氛，随心所欲，信口开河，想到什么说什么，这种口无遮掩的女人是最蠢的女人。

每个人说话，都离不开特定的时间、地点和对象，在不同的场合，面对的是不同的人，不同的事，你只有从不同的目的出发，以不同的方式，说不同的话，并把话说对，这样，你所说的话，才能达到你希望的效果。否则，弄巧成拙，吃不到鱼反而惹来一身“腥”。

把话说在心坎上

现在，大家也许习惯了说假话，媒体上说，一些身居高位的人也说，名人明星也在说，一时间，似乎假话成风，泛滥成灾。

说假话和将话变通来说不是一回事，假话首先是假，不足可取。将话变通来说，是一种说话的技巧和表达的方式，就是把话换个方式来说，或绕个弯说出来，这样更容易让别人接受。

我们提倡说真话，但是，如果真话你说得不恰当，听了反而会让人觉得不舒服，或给对方造成伤害，还不如不说。如果你不说又觉得不舒服，硬要说，就得换一种说法，只有这样，你说出来的“真话”，才能收到预期的效果。否则，适得其反，说了真话人家还不领情，好心不得好报。

小莲常常犯“很傻很天真”的错误。

她的女友姜美，身高1.56，相貌一般。在一次舞会上，姜美认识了某公司的一位经理，这位经理英俊潇洒，有房有车，姜美对他一见倾心。于是常常借着业务关系，找这位“白马王子”一起AA制吃饭，或一起出去玩。

有一次，姜美把自己爱上这位“白马王子”的心事，翻出来给小莲听，让小莲做个参谋，教自己如何将这位经理“擒”到手。

只见小莲睁大眼睛，惊讶地说："My god！拜托，你也不照照镜子，人家怎会看上你呀？就凭你的身材、相貌、聪明才智？别做梦了，送人还不要呢，老老实实找个门当户对的吧。"

"难道我长得不好看就不应该有追求爱情的权利吗？"姜美有些生气了，没好气地说。

"不知有多少女孩追他，你也不看看自己，人家会看上你吗？"

是的，小莲说的是真话，她没有骗姜美，可是，这种真话给对方的打击实在太大了，对一些脆弱而且有些自卑的女孩来说，这种打击足以击溃她的自信心。

在你身边，也许不乏这样的女人,她们傻，"真"的，傻得可怕。她们甚至以无拘无束、直率地畅所欲言为荣。在她们看来，那些迂回曲折的表达方式，是一种懦弱与虚伪的表现，她们却忘记了一个事实，她们每次跟人说话时，总是实话实说，"真"得让人退避三舍，或惹得对方火冒三丈……

这种连话都说不好的女人，人们怎么会喜欢她呢？

反之，如果你懂得如何说话，知道有些话不能"实话实说"，你就会选择艺术性地说真话。比如，如果小莲站在对方立场说话，她就会为姜美着想，要么选择不说，要么绕个弯来说。其实，小莲可以这样说：

"宝贝，你很温柔，又善解人意，谁娶到你是那个男人

的福气。你也不要太执著，从条件看，他挺好，但是，如果他的性格跟你不合，也不要强求；如果他看到这一点，为了你好，也会慎重考虑，会把你当一般的朋友来往，当然，你也要慎重考虑。”

如果你懂得这样绕个弯来说“真话”，说话的意思一样，效果却不一样，对方听了会很舒服，也会接受你的建议。以后，她有什么话还会告诉你，也会把你当成她真正的朋友，反之，你有可能渐渐失去身边的朋友哦！

得饶人处且饶人

由于人性的弱点作怪，在某种场合，很多人会把面子看得比钱财还重要，所以，才会有作假和自欺欺人。

会说话的女人懂得如何不揭穿对方的谎言，给人留面子，免得对方下不了台；即使说服了对方，也要给别人台阶下。

你明明知道老公跟朋友打了一天麻将，回到家时，他却说，在公司加了一天班。表面看他可能是骗了你，其实他这么做是在乎你的感受，怕你生气。

你知道他买这件衣服是送给他妹妹的生日礼物，你试穿后，很合身，他知道你也喜欢，就说，这是我专门为你买的，你穿起来很好看。

他说这些话，也是为你好，想让你开心，你又何必要戳穿他，让他在你面前毫无面子可言呢？

当然，也有女人认为，他在骗你，为什么不揭他的底；如果假装相信他的话，女人是不是太傻了？殊不知，在这种场合，如果女人懂得装“傻”，给他台阶下，是一种智慧，也是福气。

有一对夫妻，近来老公身体欠佳，老婆多次劝他去医院全面体检一次。为了省钱，老公不愿意去。一天晚上，老公咳得很厉害，老婆说了他几句，本来是好意，却引发了一场争吵。当吵得不可开交时，老公气得不行，要离家出走。

“我实在受不了你了，我走！”说完，他走进卧室里找他的衣物。

老婆不吱声，坐在沙发上，从容地看着他。

“你不是想过安静日子吗？这回我满足你，一个人过你的安静日子吧。”老公越说越气，一脸英雄就义的气概。

待老公装好衣服，欲要出门，老婆慢条斯理地说：“我不要没有你的那种安静日子。你走对谁都没有好处，这是我们的家，这个家需要你。你身体不好，我要照顾你，就是走我也跟着你，你到哪我就跟到哪，我要照顾你的身体，难道我会放心让你一个人走吗？”

老公听了，心虽然软了，但是，气还硬着，坚持要走。

老婆又说：“明天儿子要回来了，他看不到爸爸，我怎

么向他交代，你是儿子最崇拜的男人，他都好几天没见你了，你还答应带他去春游呢，你当然不会让儿子失望，你也不想让他失望，在家等儿子回来吧。好啦，我要给你熬药了。”

后来，老公不声不响，乖乖地放下了行李。

妻子并没有求老公回来，而是以照顾为借口，以“你也不想让他失望”为由，把话说到老公的心里去了，使老公不再坚持。因为这个女人会说话，使一场可能促使夫妻争吵扩大化的事件，就这样避免了。

其实，每个人都有冲动的时候，因为冲动，可能会说错话、得罪人甚至做错事，这时候，你不能以牙还牙，想着怎样制服对方，这样做，只能使事态变得更严重。

聪明的女人会想着如何解决纷争，在不伤对方面子和自己面子的条件下，给对方一个台阶下，这样做，对方不但心里会觉得愧疚，主动承认错误，而且，他也会对你产生好感，甚至心悦诚服。而对你来说，这正是你要达到的最终目的。

part 3

善于倾听，顽石可开

聆听是这个世界上最美的行为。心理学研究表明，人在

内心深处，都有一种渴望得到别人尊重的愿望。倾听是一种技巧，是一种修养，甚至是一门艺术。学会倾听应该成为每个渴望事业有成和家庭幸福女人的一种责任，一种追求，一种自觉。女人学会了倾听，就如同雏鹰学会了飞翔。

做个聆听的女人

每个人都认为自己的声音是最重要、最动听的，并且每个人都有迫不及待地表达自己的愿望。在这种情况下，友善的女性倾听者自然成为了最受欢迎的人。

生活中，一些热线节目异常火爆，就因为它缓解了倾诉者心中的压抑，假如热线那端的人不懂倾听，它还会那么招人喜爱吗？其实，情侣间何尝不是如此，懂得倾听，不仅是互相关爱、理解，更是调节双方关系的润滑剂，每个人在烦恼或喜悦后（特别是深层次的烦恼和巨大的喜悦后）都有一份渴望，那就是倾诉，他希望得到倾听者的理解并与他共同分享他的烦恼或喜悦。

聆听不是被动地接受，而是一种主动的沟通行为。当你感觉到对方在不着边际地说话时，可以用机智的提问来把话题引回到主题上来。倾听者不是机械地“竖起耳朵”，在听的过程中脑子要转，不但要跟上倾诉者的故事、思想内涵，还要跟得上对方的情感深度，在适当的时机提问、解释，使得你们的谈话能够步步深入下去。

有些女人，她们也许并不漂亮，气质也可能并不出众，但是她们有一颗宽容善良的心。每次当你想要找人倾诉的时候，都会找到她。当她在你面前一坐，就像有一种魔力引导你滔滔不绝地把自己的内心如数倾倒。在你失意的时候，她会安安静静地坐在那里，听你诉说生活中的种种坎坷，并委婉地表达出自己的看法和建议；在你意气风发的时候，她会衷心地为你高兴，跟你一起分享成功的喜悦；当你被别人伤害，当你遇到爱情……，在每一个你需要听众的时刻，她都会用自己的方式告诉你生活就是这样，还有人在关心爱护着你。其实对一个想要倾诉的人来讲，这些就足够了。

一个善于聆听的女人，一定是一个做人成功的女人。和这样的女人在一起，时刻会有如沐春风的感觉。

坚强男人背后的秘密

在所有人看来，如果用一句话来形容男人，那么肯定是坚强如钢。这句话不错，男人往往是坚强的代言人，他拥有宽广的胸怀、无边的海涵，肩负着家庭、事业和为自己心爱的女人创造幸福的重任。可实质上，男人也是人，不是美国大片中的终结者，刀枪不入，男人也会累，也会痛，也有他脆弱的一面。其实男人也会哭，也会流泪，在爱情之中，他同样需要信心和爱。或许，我们看到的只是男人坚强的一

面，他们把自己的脆弱用坚强的表面掩盖起来了。当一个男人已经从心里把一切都交给自己心爱的女人的时候，哪怕是将生命交给对方他都心甘情愿。但是做到这些需要男人对自己有信心，知道自己的付出是值得的。女人就应该体贴一下，放弃一些虚无缥缈的东西，多给男人一些理解，让男人奋斗得有力量，证明自己是值得让对方付出一切去爱，去陪伴一生的人。最要不得的是那些骄纵的大小姐，是她们那种一句话也不让人的处事方法。和别人可以，但是和自己的老公不可以，你们是一个家庭，一根绳上的蚂蚱，需要相互扶持，相互关心。

当男人在拼搏努力中受到委屈和挫折时，他会用各种方式发泄，但是，一个真正的好男人是绝对不会对自己的女人发脾气，甚至打骂的。这时，女人需要理解男人，需要用女性特有的细腻和关怀，去开导男人，但同时又不要让男人认为自己失去了尊严，很丢人。很多女人在自己老公的庇护下已经习惯了，更像是一个依赖父亲的女儿，一旦老公垮掉了，她们也不知道如何是好，哭泣、惊恐，更有甚者会辱骂，最不应该的说话就是："女人嫁给男人是享福的，你从来没让我过过一天好日子，还每天让我安慰你，你要是像隔壁老王那样赚个几百万，我天天在家安慰你都行。"这是男人最忌讳的话，也是最令男人伤心的话，它可能会让男人从此一蹶不振，自尊心被你打击得无处躲藏。

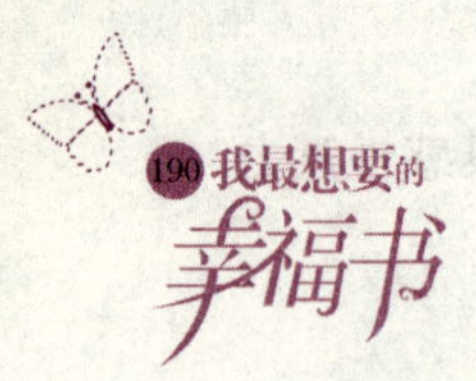

不要抱怨自己的老公，理解和包容是一个女人最应该具备的美德，不是每个人都会永远坚强，你也有不如意的时候，老公可以哄你，你为什么就不能换位思考一下呢？一个有女人理解和支持的男人，做事的动力会更强，灿烂的阳光是否会照耀在这个男人身上，这全都要看男人背后的女人是不是一个真正的旺夫贤内助了。

善解人意让你更美丽

现在许多男人的择偶标准都会加上这么一条，温柔善良、善解人意，可见，善解人意的女人在一个男人的眼里要比美貌、身材更重要。一个豁达的、善解人意的女人才能造就出一个成功的男人。反之，脆弱的男人会更脆弱，丑的会更丑，消极的会更消极。千万不要小看女人的影响力。有时候即使是一些微不足道的事情，人们也会夸大其词，目的就是想换得一些安慰和同情，聪明的女人一定要懂得这一点。如果他们需要，就给他们一句安慰的话，关心的行动，那会让男人觉得幸福无比。

不过很多妻子似乎并不能理解这种善解人意，比如，丈夫升职了，做到了主管的位置，他本来想与你共同分享他的快乐和兴奋。可是你反而泼冷水：“不就是个主管，至于吗？人家升副总的也没见像你这么高兴！”我们自然能想到，

丈夫的失望是不必说了，而且打击到他的自信心。而如果丈夫没有升职，她们又会说："我就是命苦啊，看人家小娟，就是当官太太的命。"男人无论做什么都得不到你的肯定，你这不是把老公往绝路上逼吗？这种女人是最笨的女人，也是将来最可能变成怨妇的女人。如果你换种说法，"哇！我老公是主管了啊，这回你可有发挥自己才能的空间了，我们去庆祝一下吧！毕竟我以后还要借你的光享福呢！"这样说，不仅让老公升起做为男人的自豪感，而且以后也会心甘情愿地为你付出。

善解人意的女人是那种能让男人燃烧、唤起男人激情的女人。而男人们多数也都是极具理性的，他们不会因为善解人意的女人的谦让而得寸进尺，他们会对善解人意的女人心存感激。在当今竞争激烈、躁动的社会里，男人活得不易，在生活的河流上，与他们同乘一条船，风雨同舟显然已经不够了，因为在男人眼里，一个善解人意的女人不仅仅是坐船的，也不仅仅是划船的，还是帮着男人撑船的。不要让你的男人每天郁闷或者苦苦去寻找别的善解人意的女人，现在起，就学着做一个这样的女人，帮助老公一起驶向成功的对岸吧。

part 4

沉默是金，最好的表达

男人每天的说话量，是女人的一半。男人们的话大多用于朋友圈中、工作中，而与爱人的聊天交流，每天可能超不过15 分钟，用词量不超过10%。其实，男人也并不愿意缄默，他的每一次缄默可能是因为怕说多了说错了导致你敏感的猜忌，或者是一次推心置腹的心灵对话的开始。但男人到底真正想说什么，什么时候想说，做女人的应该知道得一清二楚，知己知彼，才能百战百胜。

男人需要伪装

男人的世界充满竞争，这就要求距离、假面具和算计。男人的生存面临着女人无法想象的残酷挑战，孤独在所难免。而女人会觉得，男人的心里一定藏着很多秘密，于是，好奇心不断推进挖掘的深度。

但要想让一个男人在沉默时敞开心扉，首先要给他一种安全感，即在任何时候，你都不会利用他的弱点。你可以利用女性的细腻和热情来抚慰他。你也可以安安静静地听他叙述，尽可能客观评价，并和他一起寻求解决的方法。

不要以为男人多么坚强，其实每个男人都像一个孩子，他们会哭泣，会累，只是男儿有泪不轻弹和男人就应该顶天

立地这种说法让男人无法放开自己的心胸，让男人活得很累。他们天生富有责任感，为了让自己心爱的人有个安定的家，为了自己能成为家里的靠山和顶梁柱，他们不得不装作坚强的样子，来掩饰他们那有时脆弱得不堪一击的心。其实男人是可怜的，他们的压力比女人要大得多，经常看见女人郁闷难受的时候大声地哭，唠唠叨叨地说个不停，大家就会齐声安慰她；而如果一个男人放声大哭，诉说自己的委屈和压力，怕是大家都会躲得远远的，然后指责说："哭哭啼啼的，哪像个男人的样子。"或许还会露出鄙夷的眼神。

除此之外，男人总有潜在的自大倾向，只要他有足够的观众，他就会表现得极有魅力、健谈，并充满兴趣。所以，如果要缓和男人与你之间的沉默，你可以考虑和他一起去酒吧或者茶馆。因为在那里，他可以找到使他兴奋的公众，和让他high起来的兴奋点，那么他就会不由自主地跟随你一起放松起来。

男人是善于伪装的，但是这种伪装并不是什么虚伪的表现，只不过是社会竞争下的保护色，我们不要拆穿男人的保护色，这样才能进入到男人最真实的内心世界。

男人沉默代表着什么 用沉默来抗议絮叨

女人喜欢通过谈话来建立关系、巩固关系，在家里则喜欢通过絮叨来显示自己的领导地位，表达对男人的关心。男人则不这么想，无论他婚前多么能说会道、口吐莲花，婚后的男人更愿意直接说出自己的具体愿望，比如“今晚想和你一起出去吃饭”、“我想休息”、“我要开会了”。

然而，这种方式是女人无论如何都接受不了的。男人越是这样，女人越是有话要说。许多时候，因为女人的絮叨，家里与外面喧嚣的天空别无二致，这个时候，对男人而言，家就已经失去了作为心灵港湾的作用。男人这时候往往比女人显得更理性，面对女人的絮叨，他不会直接反驳——那无疑等于是在家里投下一枚炸弹；他也不会粗暴呵斥——那无疑是事倍功半的困兽犹斗。

许多男人习惯选择沉默，一方面是用沉默来表达自己当时的情绪、思想和态度，另一方面就是故意以沉默来保持彼此的距离，女人会为此感到特别受伤。对此，女人往往会说“他们没有感情，简直冷血”，这其实是一个误解。婚后的男人更习惯于用心去交流他们的情感和爱慕。女人絮叨得越厉害，男人会离你越远，虽然他沉默不语，但心里已竖起了一道“防护墙”。

用沉默来调理身心

男人从小就接受着征服世界、承担责任之类的“脊梁”教育：当他们成人后，无论面对多么无奈的疲惫，多么艰难的挫折，多么残酷的打击，多么沉重的负担，多么巨大的压

力……他都不能像女人那样可以通过哭来宣泄，通过眼泪冲刷，通过倾诉排遣。

他们唯一能做的，只有沉默。在沉默中反思，在沉默中调理，在沉默中蓄势，在沉默中舔吮伤口。

因此，当男人拖着沉重的脚步回到家，当他坐在沙发上一言不发，当他对你的话语置若罔闻时，你千万别颐指气使、无事生非、浮想联翩，甚至耳提面命。说不定，他刚刚结束与客户的谈话精疲力竭，或者正面临人生事业的十字路口，备感困顿和疲乏。此时，他沉默是为了休养生息，是想在沉默中获得新生，想在沉默中找到解决的办法。这时你不妨让他安静一下，给他一个小时的时间，让他和白天的工作彻底说"再见"，之后，他可能会对你们之间的谈话表现出惊人的兴趣。

这里特别提醒一点，当男人身心疲倦时，如果他还有兴趣看电视，那么千万不要在他看新闻联播时关掉电视机，然后关切地说："累了，就早点休息吧，还看什么电视呢?"须知，每一个男人都对政治比较关心，你这种"关心呵护"只能适得其反。但你可以选择在广告节目的空档中适量插入一些安慰的话。

用沉默来运筹帷幄

你常常会发现自己熟悉的那个男人，说着笑着，突然沉

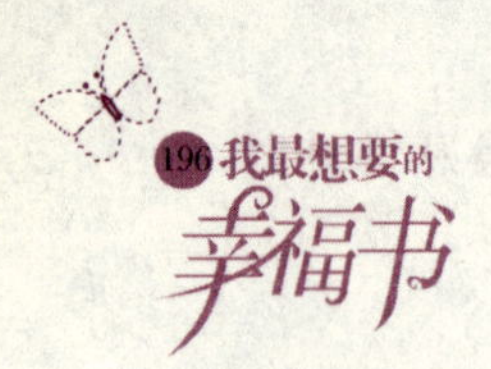

默起来；家里热闹着，他却坐在沙发上发呆；你热情洋溢地向他抛过去一串话，他竟毫无知觉。

其实这个时候，沉默发呆只是男人的外表神情，说不定他的头脑里正想着白天工作的事情，或在思考某个客户如何难缠的问题，或者什么事突然触发了他的灵感。在他进入沉默的思索状态时，那是一种类似于“闭关修炼”的境界。

他们不希望任何人把他从思索的状态中拉出来，更不希望有人打断或扰乱他在沉默中“修炼”。如果这时，你忍不住好奇冲动或者关心使然，向他提这样或那样的问题，比如，你正在想什么，说出来我帮你参谋参谋？或者你有什么话要说啊？你听到我的问话了吗？无异于自讨没趣。

在男人们看来，这时候所有关心的、体贴的、善意的、好奇的问话，全如嗡嗡飞舞的苍蝇一样，扰人清静。这时，你就不妨当一个默默不语的随从吧。而你适时提供的轻松氛围，不仅会使他的沉默时间大大缩短，而且会让他对你感激不已。

沉默让我们成长

越来越多的人学会沉默，沉默成了我们生活的一部分，也许只有沉默才可以找回自我；沉默，其实也是沟通和表达的方式之一，特别是在心有灵犀的时刻，真的是无声胜过有

声，千言万语尽在不言中，那种心心相惜、心心相印的感觉，是每个人都渴望的永恒啊！开心时可以沉默，把开心收藏起来，喜悦发自内心慢慢分享；伤心时也可以沉默，将伤心埋藏起来，冷静理性地处理好问题，麻烦自然就得以驱散。

有时候沉默会被误解，以为是生气或斗气，越是这种情况就越是不想辩解，所以选择沉默。本来,就不是希望所有的人，所有的事都得以理解，因此不必对全世界大声喊；但有时候会遇到被最亲近的人误解，难过到不想再去解释，因为解释只会让误会更深，对方也未必听得进去或能接受解释，也只有选择沉默才可以保持平静、冷静，事情或许还可以有所转机。

有句名言：说话是银，但沉默是金。作曲总是要安排歌曲有沉默的时候，因为有了沉默，歌曲才有间歇，听起来才会美妙动听。生活也是如此。沉默在生活里是不可缺少的，有时，生活中有些人，有些事是需要放下的；现实中需要沉默，沉默可以使人的头脑清醒和冷静，是考虑问题的关键，处理事情的重心。沉默其实是内心不满的一种表达方式，也是内心情感的一种沟通方法。沉默真的可以令我们学会好多事情，沉默不是孤单，不是寂寞，更不是放弃，沉默是一双眼睛，是你在思考中成长的伴随者！

第7章

能挣会花，打造你的富贵命

虽说钱不是万能的，但是没钱却会衍生诸多的烦恼。尤其是一个没钱的女人，她就不能充分展示自己的美丽，而错失很多机会，或者是升迁的机会，或者是一段良缘。

女人挣钱的目的是为了过上自己想要的生活而且过得有尊严、快乐；如果一个女人只会赚钱不会花钱，像个守财奴一样那么她不会快乐，更不会通过钱来实现自己的价值。

part 1

女人，对自己下手要狠一些

为了挣钱，你每天忙忙碌碌，你是否想过，挣那么多钱干什么？

当然是为了过自己想要的生活，实现自己的价值。当你为这一切“忙”到了极至，可否留意过是否你身上的衣服还是几年前流行的款式，是否你的身体已经是亚健康状态，是否你的皮肤因为电脑和打印机的辐射变得印记斑斑。

花自己的钱，做最美丽的自己

在女人一生当中，大部分时间也许耗费在“跟自己的皮肤和身材过不去”的问题上，从价格昂贵的化妆品到自制的“黄瓜面膜”，从饮食调节到减肥，这也许是女人一生最舍得花钱的“项目”，女人挣钱的欲望，仿佛天生就是奔这一主题去的。

尤其那些正当30岁年龄段的女人，留住青春的渴望最为迫切。

现在“女人三十豆腐渣”已经成了一句不合时宜的话。今天，大多数进入30岁的女人，都活得欢蹦乱跳，她们大多数都有独立的经济来源，敢于将钱贴在脸上，烧在身上，去

美容院保养，整容，减肥，买各种各样的化妆品等等，她们敢于花钱买“美丽”，留住青春的线条。你根本看不出她们和二十几岁的女孩有什么区别，如果真的有，那也是多了一份优雅和底气，花钱多了一份大方和从容。

某女星，她那火辣的身材和娇美的皮肤，不知羡煞了多少女人，但是，又有多少女人明白这其中的奥妙——为了保持这凹凸有致的外形，吹弹可破的肌肤，她不知花费了多少心血多少银两！

如此看来，女人的养颜美体，处处都要花钱，只要你敢花，懂得花，定能留驻娇媚的容颜，保住柔美的体态，让自己青春焕发。

女人活得精彩、活得意气风发，才不会因为男人说你“女人三十豆腐渣”而失去自信，才有资本叫男人靠边站。否则，30岁，本来可以成为女人最美最优雅的年龄段就被叫成“豆腐渣”了，“身价”顿时降低，也难怪会让男人失去兴趣了。

女人的美，从内到外

女人保颜养体，最期许的收效无外乎两点：保持身材和皮肤年轻。

很多女孩拼命减肥，出手阔绰，买高级减肥用品或高级化妆品，效果虽好，但从长远来看，并不理想。从根本来

说，女人除了从外部去修缮身体之外，更要注重内在的饮食调养，也就是说，女人的美，需要由内而外的保养。

张女士今年36岁，有一天，她带老公去见一位新结识的女友。女友看她跟那个老男人亲昵的样子，悄悄问她：“他是你爸爸?”

张女士顿时呆住了，缓过神来，哈哈大笑。

那天，她穿着休闲装，扎着马尾辫。女友也不知道她的真实年龄，以为她是25岁左右的小姑娘呢。

当女友知道她的年龄后，瞪着疑惑的眼睛看她，不敢相信自己的耳朵。

其实，张女士先天的身体条件并不好，幼时体弱多病，初中时害了一场大病，差点丢掉性命。然而，经过多年积极的调养，身体逐渐恢复了元气，甚至比以前很多健康的同学身体都好。

她的保颜养体之术，主要体现在合理的饮食上面，她舍得花钱买营养品，几乎工资总额的一半都用于保健。她勤于保养，并养成了良好的习惯，比如早上起床，喝一杯蜂蜜花粉水，吃一勺蜂皇浆。平时喝普洱茶，晚上喝银耳汤或阿胶，隔三差五地为自己煲适合身体需要的汤……

一句话，要制订一套适合自己的养生食谱，舍得花钱养自己的“胃”。

身体是革命的“本钱”，你吃好了身体，就有了“一

本”，有了这“一本”，你才有可能在未来的日子里获得“万利”。

由于你舍得将钱投资在增强体能的饮食上，你吃得合理，营养均衡，皮肤滑嫩了，身材更姣美。你充满活力，以充沛的精力投入工作，才能身心愉快，工作如意，生活快乐。

对所有人来说，身体健康就是最大的福气，你今天花这个钱，是为了明天挣更多的钱。相对于生病来说，不生病，本身就省了一大笔钱，这笔钱就是你投资健康饮食生活的回报。

健身舍小本，健康一辈子

现在的职业女性，健康意识越来越强，早已摈弃了旧有的健康与金钱观念。

在上一代女人那里，为了生存，30岁之前就透支了自己的青春，用她们的话说，女人30岁之前一定要活得轰轰烈烈，用青春换金钱，到30岁以后，再用金钱买健康。

是的，用青春可以换来金钱，但是，用金钱买健康肯定没门。当你的身体机能下降了，你患上了某种疾病，医生虽然为你消除了疾病所带来的痛苦，但是，疾病对你身体的损害却很难修复，体质走向下坡路是不争的事实。

如果你在30岁之前勤于保健，舍得为健康投资，包括选

择适宜的家居环境，添置体育活动健身器材，安排休闲旅游娱乐活动，选用保健食品等等。当你把收入一部分合理安排在保健方面，这样，包你每天神清气爽，健步如飞。

某白领，今年25岁。她将自己收入的10%用于健身。每天晚上下班后，她风雨无阻地先去健身房锻炼身体，跳操、玩器械……她最喜欢在跑步机上狂跑不停，直到大汗淋漓为止，用她的话说：“当衣服被汗水浸透时，你能感觉到全身的毛孔都在畅快地呼吸。”

有一段时间，她几乎出差在外，耽误了健身，她觉得自己快被憋死了，盼早点把差事办好，回来健身。

在她眼里，女人不生病不算健康，身心愉快才是健康。她认为，不经常锻炼的人，表面上虽然看不出有什么病，但是，体质这东西一比就知道。

有一次，她跟几个年龄相仿的女友打网球，表面上看，她们的身材都差不多，但是，几个回合下来，那些好友便气喘吁吁，上气不接下气，最后，连拿球拍的力气都没有了，手脚直发抖，只能败下阵来认输。

而她依然精力充沛，跑起来轻身如燕，呼吸平缓。她甚至在女友面前炫耀自己的美体。那一刻，让女友们羡煞了她，一致决定参加健身运动。

现在，很多年轻的女子都积极参与健身，她们之所以拿钱活受“累”，是因为她们觉得，投资健康才是最实惠的保险。在这些积极参加健身的女人眼里，健康是最大的资本。

身体健康才是最大的幸福，健康是无价之宝，再多的金钱也难以买到。

做为一个现代职业女性，通过合理的锻炼，最大限度地发挥自己身体的潜能，远离疾病的困扰，没有百病缠身，没有身体的痛苦，则是自己的福，更是家人的福。

part 2

知识就是幸福，享受真我人生

现在社会上有各种各样的补习班，都是面对上班族的。尽管价格不菲，但是报名的人络绎不绝，很多女人选择在工作之余继续“充电”。

在短期内看起来是花了不少钱，但是，学成之日，她们大多数都能找到一份更好的工作，弥补了“充电”的“损失”。

选择买股票、买基金……这些投资都未必百分之百能挣到钱，但是，至少她们在演练自己的理财本领，花钱给自己“充电”，买经验。

知识就是幸福

在80后、90后女孩的眼里，爱情、房子、车子……都是

好东西，件件都想要。但是，她们大多数忽略了一样东西——知识。

在当今社会，爱情越来越不可靠，漂亮不能当饭吃，一旦男人抛弃了你，如果你两手空空，脑袋空空，那么受到伤害的将不仅仅是情感。

所以，女人为了将来的幸福生活，应该尽早学习投资和储蓄，越早充实这方面的知识越有利。对女人而言，最好的投资，不是买股票，也不是买楼，而是投资自己。

女人的智慧，主要表现在见识和知识上。一个头脑装满知识的女人，不消多说，人前一站，就散发出一种不可抗拒的美丽，比那些胸大无脑的花瓶要引人注目得多。学习各种知识尤其是理财知识、生存本领，是女人积累知识、增长见识的必经之路，在你青春递减的时候，自己的智慧递增了，才是为人处世的上策。

陈女士工作了10年，有一个温馨的家，有稳定的家庭收入。

2001年，她放弃在证券公司工作的机会，只身去英国脱产攻读MBA。去英国之前，她抛掉自己手上的全部股票，赚了10 万多元，并用这些钱做自己的读书费用。

毕业后，她到一家上市公司工作，担任这家公司的市场部总监，她工作一直很出色，多次获得了老板的嘉奖。

2006年底，正当国外基金发展势头旺盛之际，她做出了

影响她一生的第二个重要决定，自己做老板，创立理财公司。

用她的话说，自己创业做老板，不是为了赚更多的钱，也不是为了证明自己有多强，更重要的是，可以经历更多，积累经验，使自己的视野获得更高的提升，多做一些有意义的事。

她本有一份比较好的工作，老公的薪酬也比较高，家庭收入也很稳定，但是，她依然不安于现状，选择花钱读书，读完书后，还选择继续工作，她所做的这一切，用她的话说，就是为了“打好底子”，提高工作能力，积累工作经验。

在陈女士看来，把钱投资在充实自己的知识、见识和经验上，把钱“装”进脑袋里，比投资股票、资金更重要。

陈女士的经历告诉我们，一定要抱着学习的心态去投资，把钱投资在自己身上，不断学习，不断积累知识、见识和经验，这样，你懂得的知识越多，你的智力也就越高，你的生活就更充实，对自己就越有自信。

自信而拥有知识、拥有爱情、拥有美丽的女人，才是真正幸福的女人。

“充电”现在，投资未来

挣钱的目的是为了花钱，同样是对待花钱，每个女人的

观念不一样，花法也就不同。

有的是“月光”一族，过一天算一天，得过且过；有的在不断创造，选择合理投资，让钱生出更多的钱，然后再花钱；有的投资“知识”，为未来积累知识，储蓄能量，为的是让自己更上一层搂。

很多女孩一踏出社会就明白，赚钱的资本不是自己的学历和文凭，而是在社会这所大学里学会或掌握了多少本领，也就是说，你的社会价值与实际生存能力是否成正比。

对于一些好学的女人而言，工作后继续花钱学习，增加见识，为的是提高自己的工作能力，工作能力强了，身价自然骤增。

魏琳今年24岁，在一家法国驻中国的化妆品公司工作，她主要从事品牌推广与市场策划工作，月薪6000元左右。

在她一年的开销中，花在买书籍和参加各种培训班的费用，至少占薪水的百分之六十。

毕业找到第一份工作后，她就参加商务英语学习，两年后，顺利拿到了证书；现在，她又报名参加某大学举办的金融培训班，她打算掌握这门知识以后，跳槽到金融公司工作，做职业经理人。

在她的观念中，知识就是财富，年轻时如果不把钱“装”进脑袋里，而是花在无止境的即时行乐中，就是浪费，这种消费最不合算。

当然，除了学习之外，魏琳也如其他“80后”女孩一样，喜欢逛商场买衣服，有时也和朋友K歌或泡吧。用她的话说，趁自己还年轻，好好享受单身生活，充实自我。

大多数“80后”女孩花钱都比较随意，只要从口袋里拿得出来，想花就花。魏琳则不然，她懂得什么叫财富，在享受生活的同时，不忘给自己“充电”，以理性的态度积累“知识”作为资本。

越是位高或高薪的工作，越需要工作能力和经验。经验从哪里来？从学习中来，从实践中锻炼而来。

所以，有些女孩不惜付高昂的学费，在工作之余选择继续“充电”，目的是为自己储备知识，为希望到来的“那一天”做好准备。她们明白，这种短期投资，会带来最大的收益。

花自己挣来的钱最快乐

大千世界，芸芸人生，每个女人都有自己的理财方式。

命不好，出身贫穷的，可能早早就失去了求学的机会，只能出劳力打工，赚的微薄工资还要如数上缴家用，她们不像那些出身好一点的女孩那样能享受到快乐的青春，但她们也会为自己能赚钱养活弟弟妹妹和一家人而自豪。

有的女人并不属于缺钱的人，但也是普通的打工一族，

整日奔波忙碌，终日为了事业的发展焦虑不安，或许运气不好还闹个穷忙一族，搭上个亚健康的身体；可怕的是，自己都亚健康了，还不能停下来，更不舍得花钱来补养。

有的女人也许是前世修来的好福缘，“不挣则矣，一挣惊人”，一起步就令其他女孩惊羡不已，出手阔绰，用挣来的钱，实现自己的愿望。

有的女人就算四处举债，也要满足自己花钱的快乐。

那么问一问所有的女人，挣钱是为了什么？

女人的目标基本上都一致，挣钱当然是为了花出去，满足自己的各种需求，比如给自己买漂亮的衣服，旅游增长见识，或去酒吧体验一份浪漫等等。

将自己挣到的钱，名正言顺地花出去，在开心快乐的同时，自信心满满的，而自信本身就是女孩必备的资本。有了这一资本，你才会自信花钱，自信挣钱，然后，再把挣到的钱，适当地花出去，享受挣钱花钱的乐趣。

在今天的大学校园里，有些同学在为明天的早餐犯愁；有些同学在为学费和父母争执……而有些同学则依靠自己掌握的专业知识和技能，早已把知识转化为财富了。她们通过努力拼搏，已成为校园里的“金领”阶层。

有很多好命女在没走出校园之前，就身价高人一等，她们用自己挣来的钱，提前跨越小康奔“贵族”了。

小美是深圳大学大四的学生，由于她英语水平超群，在大三那年，就被一家英语培训学校聘请为兼职老师。两年来，她平均月收入达一万多元。在大学时，小美就过上了其他同学望尘莫及的“贵族”生活。

她每个月拿出总收入的50%用于消费，买衣服、买化妆品、做美容健身、买书、看电影、观赏演唱会、去酒吧等等，想花就花，从不手软，动辄一千几百块。

手上有了钱，又有权支配，想买啥，小美都敢花。她喜欢把自己挣到的钱快乐地花掉，让自己体验那份花钱的快乐，享受那种有能力挣钱的满足感。

相比之下，那些跟她一样毕业在即的同学，就没她好命了，她们终日为了应聘和面试奔走，而小美则快乐地消费自己挣来的钱，享受着贵族般的生活。

在小美的人生规划里，下一步她计划用3年时间，攒一笔钱，然后，去英国攻读硕士学位。

小美在花钱享受生活的同时，从来没有忘记钱是干吗用的，她在花钱的时候，没有迷失自己，一方面，她以花钱来体验生活的乐趣，充实自己，让自己更自信；另一方面，她在享受将自己挣来的钱花出去的同时，内心的那种满足感，也激发了她追求更高的愿望。

花钱→挣钱→花钱→激发欲望→确立目标，它如盘山公路，是一个螺旋型上升的过程，只要你身处其中，就会努力攀登，每前进一步，看到的风景会更优美，你的人生也更精彩。

part 3

合理理财，营造幸福未来

理财是一件很简单也是很快乐的事情。合理地理财是一个聪明的女人应该做到的最完善的工作。一个家庭的开支都在你的手里，怎么才能让家里人吃得健康，各项费用都支出得井井有条，不会出现负债或者经济断档的情况，让老公不会为家里的财政状况担忧，这才是一个旺夫女人应该做到的。

做个真正的“财女”

“男主外，女主内”是中国人几千年来所默认的家庭模式。一个女人来到这个世上，上天就赋予她艰巨的任务——相夫教子。作为妻子，做好丈夫的贤内助，为男人筑造一个温馨的港湾，为他的事业推波助澜；作为母亲，把教育子女作为自己的使命，给孩子以良好的教育、健康的身体和心理，让孩子快乐地成长。

在生活中，不少女性掌握着家庭的“财务大权”，因为女人在管理钱财方面似乎有着天生的优点。女人应该大胆实施各项政策，适当调整自己家中的消费习惯，将有限的钱财发挥出最大的效用，将家里的钱财打理得井井有条。做好家里的“内当家”，做一个“财女”，一个聪明的理财能手。

钱财只青睐于那些善于管理它的人们。在家庭中，女人很少愿意去考虑事业的长远发展所以，有更多的时间打理钱财，但是对于钱财如何储蓄，都用于什么地方，她们都是乐意去做的。没有一个男人希望自己的老婆花钱如流水，也没有一个男人不希望自己的老婆善于理财，能用自己的智慧为家里的财富聚积出力。有的时候不是说我们再多赚一些，我们的生活就会变得宽裕很多，我们银行的存款就会更多些；而是应该想尽办法合理控制财政的收入和支出，对有些家庭来讲，不是多赚了一点钱就能解决根本问题的。

女人，要守住你的钱财，要守住老公的后方，让你的钱袋一天天地变鼓，让你的存款一点点地增多，这才是真正的理财之道。

女人懂得理财，人生自己掌控

20岁的你，也许正憧憬着属于自己的温馨甜蜜小窝；30岁的你，也许正经营着自己蒸蒸日上的事业；40岁的你，也许已经从容淡定宠辱不惊。但是，无论身在何时，我们都无法不面对一个现实，那就是随时随地都要花钱，也因此，女人要想给自己一个美丽自信的微笑就要为自己积累一笔财富。

女人有钱，不光是为了追求享乐、为了拥有名牌包包，而是要找回自己，为了有能力爱自己，也有能力爱别人。懂得理财，拥有财富，就可以不必当金钱的奴隶，就能决定自己的生活质量，只有这样，人生才会由自己做主!但是，绝对不能为了金钱而不择手段。

女人懂得理财，人生就由自己掌控。我们常说精神文明建立于物质文明的基础之上，财富是美丽优雅的基础，一个女人外表美不美丽是天生的，无法更改，有没有魅力则是后天的，只要你你努力你就能得到。容颜的衰退是无法抵御的事实，再美丽的花容月貌也会随着岁月的流逝而渐行渐远，只有由内而发的美丽才会长盛不衰，并随着岁月的积累越来越香醇。

当社会由资本社会进入到知本社会，现代女性需要不断充电，读万卷书，行万里路，到外面的世界走一走，陶醉在山河大川之中，或体味异域风情，都能让女人开阔视野，调养身心，丰富自己的人生经历和内涵。当社会个性化的特征越来越显著，提升个人品味成为女性的重要课题之一。女人需要从内在到外在去经营自己：阅读书籍、每年旅游、持续健身、定期美容、翻看时尚杂志了解最流行的化妆美容趋势、报些进修班。这些都是提升品位的重要途径，也是魅力女人的必修课，没有一定的经济基础又如何能完成这些课程。

不要做“月光族”女神，那会让你失去自信，失去自己应有的美丽和从容。

如何做好“管家婆”

攒钱是理财的起点。收入是河流，财富是水库，花出去的钱就是流出去的水，只有留在水库里的才是你的财。要想把钱攒明白，就要养成量入为出的习惯，并一直保持下去。光会攒钱不会花钱不行，那就成了葛朗台。要学会投资，要让钱生钱，这才是理财的重点。建议把家里水库中的钱分成四份：

第一份，叫应急的钱。应该留出半年到一年的生活费，这些钱以活期储蓄的形式存放，当然也可以买点股票基金之类的。

第二份，叫保命的钱。应该留出三到五年的生活费。这些钱可以以定期储蓄的形式存放，或者部分购买国债。

第三份，叫闲钱。是五到十年内不用的钱，这些钱才可以用来投资以下长线的项目，比如房地产，以期获得高收益，当然也要做好亏本的准备。养老保险也可以买，但不是唯一手段，投资基金也可以用来养老的，能不能养老关键看你的水库中有没有足够的水。

第四份，买保险。我这里说的是买保障型的保险，比如

人身意外险、住院保险和定期寿险等等。这样你在发生意外损失时，保险公司会为你提供补偿性的财务支持，否则你家的水库就有可能决堤了。买保险是为了实现财务安全。

也许你会说，我们连最起码的生活费都要算计，根本就没钱建立这么多的账户。钱在哪里？钱就在你的账户里。当你建立了几个账户以后，就会发现原来自己根本没有多余的储蓄，孩子的教育资金、父母的养老费用等等，什么都是一片空白。这时你和老公就会为这些账户去努力了，往这些账户里面存钱，尽管数量很少，但是你们会逐渐热衷于这种办法，渐渐地，你们账户的数目就开始多起来了。

中国有句话：男怕入错行，女怕嫁错郎。这话一点没错。结婚本身就是理财最基本的第一步，婚姻不是你最大的财就是你最大的债。女人不应该为了结婚而结婚，而是因为人生观、价值观相同才和他结婚。现在你应该明白了，一个女人如果没钱，那种贫贱夫妻百事哀的生活到底是不是你想要的了。不怕吃穷穿穷，就怕不会算计穷。

part 4

花光男人的百分之九十的幸福生活

钱，在男人心目中代表权力代表地位代表征服，在女人心目中代表安全感，代表满足，甚至代表幸福。

人活在世上，钱虽然不是生活中的全部。但无论在亲情、友情、爱情中都占着重要的位置。在爱情中如果把情感和金钱联系在一起是很恶俗的事情，钱是钱，爱情是爱情，有人这么说并不为过。有钱的爱情未必幸福快乐，没钱的爱情也许甜蜜温馨。在这里主要是想说说现实生活中男人为女人花钱的价值观念：

一个男人对女人花钱的多少，也是男人对这个女人觉得值得付出多少，更是男人在对待女人的态度上表现的大方和风度问题。一个男人舍不舍得为女人花钱是衡量爱不爱的一个重要标准，甭管男人赚取的钱是多少，只要男人愿意偶尔为自己的女人花自己手里百分之八十的钱就能让女人感动。

男人为女人花钱，并非爱的承诺

一个男人为一个女人花钱，未必说明他爱她。但如果一个男人爱一个女人，他一定是肯为她花钱的——喜欢看她穿得漂漂亮亮，想要什么有什么，快乐得像一只小鸟。男人的心思，有时候就是这样简单，直接，热忱，豪爽。

有句话说：男人向女人求婚是对女人最大的赞美。我说：若他婚后肯把自己的钱交给女人掌管，那赞美就更大了。要不怎么家庭妇女都非常乐于拥有这个权力呢？难道她是为了自己多花些不成？实际上许多掌握着家庭财政的女人

在为自己用钱时是最不舍得的——她喜欢的是那种被尊重、有地位的感觉。

但问题是，不是所有男人都肯把钱乖乖交给女人管。究其原因，大概是：一、不相信她的职业水平（怕她管不好）；二、不相信她的职业道德（怕她以公谋私）；三、自己花钱不自由。

无论是哪一种原因，都似乎让女人心里不痛快，包括最后一个：因为如果是正当的用途，通情达理的老婆自然会给（每个女人都认为自己是通情达理的），但若是为了要什么花花肠子，他就要想着办法撒谎，当然不自由了。所以女人是非常愿意结婚后先生把财权奉献给她们的——接不接受，又是另外一回事。

很多女人喜欢用钱来衡量周围男人对她的感情，送钻石的比送玩偶的好，送汽车的比送钻石的好，送别墅的比送汽车的更爱她。直到有一天你发现这个女人居然找了一个穷小子，只送过她廉价的银戒指。原来这些条件都是女人在没遇到真正让她动心的人时的标准，当她开始爱了，即使那个银戒指花掉的是这个男人半个月的工资，那么他的爱也会让女人感动。

一个男人肯为女人花钱不是爱，肯为女人花掉自己所有的钱，那就是爱，值得女人去爱。

钱是衡量感情的标准吗?

用钱衡量感情是荒唐的，是可笑的。伊甸园不是标价的欢场，男人不是买笑的春客，女人也不是小姐，不会逢着谁的钱都不假思索地扑上去海花。如果说男人的钱赚得不容易，要他们出钱如同是挖他们的肉，那请一个女人去花一个男人的钱同样不容易，就仿佛在往自己的身上去缝原本不相干的肉。她抛弃坚忍和自尊袒露给男人的那份信任和托付，得积攒多少勇气才会双手捧出啊。

是，男人女人都不容易，能够相遇相爱更不容易，因此，无论如何，爱着的时候，请拿出诚意。诚意的一部分，是心灵；诚意的另一部分，是身体；诚意还有一部分，是金钱。把钱为自己所爱的人力所能及地花出去，这钱就不再是数字，而是温暖。这温暖，永远不会亏本。而有了这温暖，钱上有多少暧昧的细菌，也都是干净的——被爱情消了毒。

所以，亲爱的女人们啊，当你对爱情的感觉失去着落的时候，就不要再保持不必要的清高，让爱情与金钱亲吻吧。A.如果你是妻子，他不负你，花他的钱天经地义。他负了你，要他的钱更是理所应当。爱情不在了，最起码钱还在，这是对自己最基本的倚靠和保护。B.如果你是情人，如果他肯让你花他的钱，那他就是可靠的，即使是做情人，也能够让你维持最底线的收支平衡，不会连本带利赔个精光，最后

伤痕累累狼狈不堪地离开。要知道，在某些事情上，不会说话的金钱往往最能够代表男人最原始的良知和教养。

所以，亲爱的女人们，如果你爱自己，如果你爱他，那千万不要舍不得花他的钱。要知道，与追自己的相比，男人更爱自己追的。与对自己痴情的相比，男人更爱自己痴情的。同样，在感情上，遇到免费赠送的商品，女人常觉惊喜，而男人却只会珍惜自己买单所得。这让他充满成就感。因此，爱他就请顺应他的秉性，让他为你买单：如果他有一点钱，就享受他的手帕丝巾，发卡面霜；如果他有比较多的钱，就享受他的玫瑰靓衫，烛光晚餐；如果他有很多钱，就享受他的宝马香车，豪宅别墅；如果他实在实在没有钱，而你又实在实在爱他，没关系，就享受他的甜言蜜语，柔心衷肠。在穷困潦倒的时候，男人的这些物品质量都还可以信得过，和金钱带来的功效一样。

通过花钱辨“真假”

一个男人如果舍不得给你买花，舍不得陪你吃一顿饭，你的生日、情人节等等特别的日子，暗示他也不会送你一件礼物，你永远享受不到受宠的感觉，这样的男人值得你倾心吗？要知道，一个深爱女人的男子，是必定舍得给女人花钱的。他有一百块，肯为你花九十，这就是好男人，如果他

有一百万，舍不得花一万给你，这样的男人不是真心疼你。其实，真正的好男人，往往都很愿意为自己心爱的女人花钱，因为那是他的一份快乐。在他眼里，女人在花他的钱的时候，显得最可爱，就像是怒放的花朵，分外娇艳，男人为此感到满足，感到自豪，找到自己的价值，欣慰自己挣钱的意义。

你要找的男人尽管不是白马王子的模样，可是他一定是英雄的模样，真正的男人是有能力并舍得为女人买单的，他如果真的喜欢你，即使他没钱，他也会想办法去赚。他也不会去花你的钱，对于这样的事情，他自己都认为是耻辱。金钱与爱情当然不能混为一谈，但却有着千丝万缕的联系。因为两个人相爱，他肯为你花多少钱是他爱你深浅的证明。而你不舍得花他的钱，是你爱他的真实反应。作为男人，为心爱的女人花钱，没有不快乐、骄傲、满足的；作为女人，爱你的男人肯为你花钱，没有不欣喜、感动、幸福的。

一个男人肯为你花钱，他不一定爱你，但如果他不舍得给你花钱,那就一定不是真心爱你。

第8章

活用旺夫秘籍，幸福当家女人

一个男人如果娶老婆后越来越发达，人们习惯说是这个女人给他带来了幸运。给男人带来好运，是女人的福气，很多男人梦寐以求想要找个旺夫的老婆，很多女人挖空心思想要做个旺夫女人。旺夫，是一个女人综合素质的体现，更是女人一辈子最大的幸福。

part 1

好男人是夸出来的

常听到有人对某个女人说，你很有旺夫相。

这句话至少包含两层意思，一是指这个女人在地位、财富方面“旺”老公；二是指女人在精神上能给老公一种心灵的慰藉，女人能让男人的心情变好，健康才有保证，从家庭健康的角度来说，这样的女人很旺夫，这样的女人获得幸福的机会也更多。

男人为了事业，为了家庭，在外面奔波，再多的苦和累，他们都愿意默默承受；再多的委屈和辛酸，他们会深埋于心底，不会轻易说出来，让自己心爱的女人担心。如果你明白这些，就不会在男人低落的时候言加讽刺，更不会在男人取得一点成绩的时候泼一盆冷水。适时地赞美和安慰，才能让一个男人充满自信。

如果你怀揣着一颗感恩的心，适时地、毫不吝惜地赞美他，让他深刻感受到你的爱意与体恤，那么，你们的爱情、婚姻就会一路走好！

向情人“取经”

你知道男人为什么喜欢情人吗？

一个能做情人的女人，一定有她招人喜欢的地方。她理解男人，不但让他获得了雄性征服欲的满足，而且在精神层面上，她用自己的温情把男人“夸”得服服帖帖。当男人觉得疲累时，情人不会说：“家里的热水器坏了，你赶快去修修吧。”或者：“看你这个样子，就知道你又把事情办砸了。”而是会柔声细语地说：“不要把自己搞的太累了，我给你捶捶背，刚刚泡了一壶茶，我还准备了糕点，吃完洗个澡，就不累了。”男人听得心里舒舒服服的，自然对情人百般疼爱。

如果你每天跟老公说一些负面的话，他就是有能力把每件事做好，也会负气，甚至故意把事情搞砸。因为每个男人都有自尊，或多或少都有些爱慕虚荣，希望得到你的尊重和赞美，尽管他不说，你总不能遇到什么事情都打击他的自信心吧。

情人的可贵之处在于懂得如何赞美男人，适时地鼓励他，给他勇气。现在，你该检讨一下自己，当你的男人满心欢喜回到家，为自己的工作业绩感到欣慰时，或为家里做了一件了不起的事情时，你是否夸奖过他？

如果你对他表示不屑，他会以沉默的方式表达他的不满，懒得跟你交谈。他认为，他做了一件还算了不起的的事情，却听不到半句认可或夸奖的话，你的冷漠和表现得理所应当让他闹心、郁闷。反之，如果你夸奖他，他会非常开

心，内心充满自信，觉得所做的一切都值得。

不要吝惜自己的夸奖语言，只要老公有一丁点好的表现，就赞美他，让他深刻体会你的温柔爱意与热心的体贴，他会在赞美中觉醒、奋起，肩负起男人的责任，他会更爱自己、更爱你及爱自己的家。

《圣经》有这样一段话："我愿你们知道，基督是男子的头，男子是女子的头，上帝是基督的头。"这句话的意思是说，赞美上帝是基督教徒的责任和义务；赞美男人，是女人对男人的尊敬。

所以，你要时刻表现出对老公的敬重、仰慕和信任，并不断用实际行动支持他，夸奖他，鼓励他。

有一对年轻夫妇，婚后，女的对老公的言行渐渐讨厌，左看右看都不顺眼，为此，夫妻俩少了恋爱时的那份温馨，对立情绪多了，越积越厚，一直处于冷战状态。老公说什么，做什么，女的都持否定态度，后来，吵架成了家常便饭，两个人的感情也在争吵中变淡。

有一次，女的找朋友倾诉，一位朋友告诉她："你别总挑毛病，揭他的短处，谁听了都会不舒服，他会觉得得不到你的肯定，容易失去自信。"然后，这位好心朋友给她设计了一套方案，告诉她要以积极的心态面对冷战，并告诉她，从衣着入手，夸奖她老公。

这位女子依照朋友的指点，第二天早上，她对老公说：

“你今天穿的衣服很有个性，我喜欢。”

她老公满脸惊喜，看着她，像小孩一样傻笑，目光却充满了爱意。

第一次这样夸奖老公，她觉得很不舒服，笑不起来，却强装笑脸，笑得比哭还难看。

过了几天，老公乐呵呵地对老婆说，我们去旅游吧。

这次，她对老公所选的旅游计划大加赞赏。原来的愁眉苦脸没了，对老公所持的批判态度消失了，她也如小孩一样，脸上毫无掩饰地露出真诚的笑容。

后来她感谢那位朋友，她说：“我老公真有意思，他幽默、殷勤、热情、奔放，还有一点坏。”

很多时候，夫妻之间出现问题，不是问题本身，而是对待问题的态度，当你以积极的态度看待夫妻之间所发生的事时，你总会看到对方可爱的一面，如果你放下身段，表达你对他的赞赏，什么矛盾都会灰飞烟灭。

男人都希望你认可他，夸奖他——别看他外表很坚强，其实，他只是长着胡子的小男孩，他的内心很脆弱，需要你的安慰和肯定，更需要你温柔的抚摸和语言的赞美。

女人越是肯定男人，这个男人的自信心和责任感就会越强。

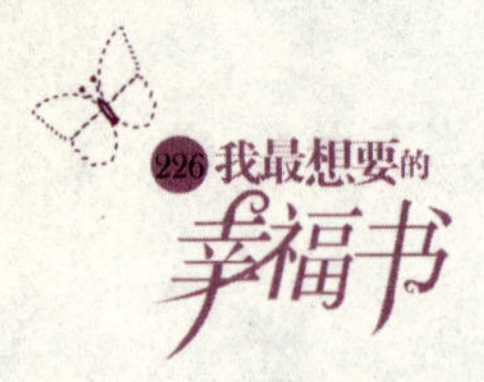

对你的他心怀感激

男人在外所做的一切努力，不管是为事业，还是努力赚钱，目的只有一个，就是为了让家人过上富足美满的生活。

这是每个男人的责任，也是他们为之卖命的源动力。仅仅这一点，你就应该心怀感激。在适当的时候，及时把你内心的感激之情表达出来，表达你的崇拜之意，这样，他就会更加自信，心甘情愿为你去冒险，实现他的人生梦想。

中国影视圈模范夫妻——冯小刚和徐帆，从他们结婚那一天起，只要是冯小刚导演的新片，徐帆必关注，若影片反映良好，她会摇旗呐喊，推波助澜；若影片惹来非议，她会第一个站出来，为影片叫好，维护老公的尊严。

作为妻子，徐帆从不吝啬对老公的赞美之言和崇拜之情。在大众面前，她夸冯小刚才华横溢，没有架子，懂得体贴人，说老公有头脑，有思想深度，等等；总之，赞美之情溢于言表，尽是些男人爱听的话。

而冯小刚也懂得回赠老婆的赞美，面对大众传媒，他总是表扬老婆厨艺一流，赞美她“萝卜炖排骨炖得可香可烂”。

而作为明星的徐帆，听到老公这样的夸奖，自然甜在心里，全身心都交付给了冯小刚。因而就有徐帆对外的宣言，她希望做一个“家庭主妇”，没事待在家里做做饭，给老公一个温暖的家。她还说，她要改名叫“冯徐帆”——这种表

达忠心与赞美的话，犹如迷魂汤，不论“灌”给哪个男人，都会让其为之迷醉。

女人的感激，是你对老公的认可，不要羞于表达或者不屑于表达，对男人而言，那是莫大的精神鼓励！

试想一下，当你老公渴望得到你鼓励的时候，迎接他的却是另一番情形，你皱着眉头，一副不悦的表情，不停地唠叨：“我同学的老公今天买车了，你什么时候也买辆车开回来威风一下？”这无疑是对老公能力的拷问，是一种不信任情绪的发泄。

当老公带一束玫瑰回家送给你的时候，你不屑一顾，漫不经心丢在一边，一边还喋喋不休谈论朋友炒股票赚了多少钱，这无疑是对老公的冷落，蔑视他为家里所做的一切努力。

当女人不再感激男人的付出，甚至鄙视他时，男人的自尊心就会受到伤害，他感觉不到自己的作用，他害怕回那个家，害怕看见你鄙夷的眼神，听到你看不起的嘲讽。此时，他唯一的想法就是找一个能医治他心灵创伤的地方，这个时候如果你还不赶快醒悟，就会把他推向别人的怀抱。

赞美是婚姻最温暖的阳光

男人和女人一样，都有一种被认可和被欣赏的渴望，对

女人而言，你既为人妻，就应该以欣赏的眼光看待老公的言行，而不是动不动就指责他的不足，或期待他改变什么，这种期望，在现实生活中，往往事与愿违。

男人的期望是你的认可和赞美。只要你感觉老公有一点长处，或成长了，或感悟了什么，就要学会及时赞扬与鼓励他。

对男人而言，由于获得了你的肯定、赞美，他的自信心会大大增强，对生活充满热情，在自信心的驱动下，他的事业才有可能渐入佳境。

在日常工作和生活中，你可以从以下几个方面及时赞美你老公。

你老公偶尔下厨房。不管他做的饭菜如何，只要他乐意做，仅这一点，就值得你夸奖。在吃饭的时候，你不妨这样夸奖他："老公你真是个厨艺好手，不经常露两手真浪费呀！"

你老公偶尔拖地板。你老公有时心血来潮，主动拖地板，把家里清洁得干干净净，你要及时夸奖他，让他感动。你不要认为，他有责任和义务拖地板，说些令他讨厌的挖苦话，比如："太阳是不是从西边出来了？是不是良心发现，假惺惺做个样？"说实在的，谁都讨厌这种女人。

赞美老公是个有责任心的男人。这一点很重要，不论你老公做什么事情，你都要往这边靠，让老公感觉到，你很欣

赏他的责任心。

夸奖你老公是一个孝顺的男人。一个不孝顺父母的男人，即使他对你多好，也是表面的。一个真正懂得孝顺的男人，努力工作的目的，除了为他心爱的女人外，更多的是为了照顾好自己的父母，改善他们的生活环境，让他们能安享晚年。所以，只要老公为双方的老人家做出一点贡献，就要适时夸奖他，激发他的孝敬之情。

赞美老公是一个保持浪漫心态的男人。目的是希望老公保持一颗年轻的心，像谈恋爱时那样爱你。

赞美老公是一个勤劳的男人。有时，老公因为工作很晚回家，当他拖着疲惫的步伐回到家时，你马上迎过来，真诚地对他说："老公辛苦吧，喝一杯茶消消疲劳。"一句体贴的话，会让老公感到温暖和幸福。

赞美老公是一个为你遮风挡雨的男人。当老公为你端上一碗可口的饭菜或递上清凉的饮料时，你要懂得感激，真情地说一声："谢谢!"；当他用宽阔的肩膀为你遮风挡雨时，当他用温暖的目光融化你心中的困惑时，要表示感谢，谢谢他在风雨中与你同行，谢谢他给你一个温暖的家……

part 2

幸福婚姻的真谛，记得对方的好

很多女人，在没有踏进婚姻之前，都以为，婚姻是爱情的“保险柜”，没男朋友的，拼命找男朋友；遇到了，一股脑儿往“保险柜”里钻。

然而，一旦跨进了婚姻的门槛，她们才发现，这个“保险柜”并不保险。随着时间的推移，很多年轻的妻子感受到，婚姻并非像想象中那样，走向死亡的婚姻越来越多，离婚的越来越多。到底是什么原因导致了婚姻的死亡，她们渐渐悟出了一个道理：幸福的婚姻，需要两个人精心呵护；否则，即使钻进了“保险柜”，也并非“安全”地带。

把他的好时刻记心上

一对相爱的年轻男女，婚后没多久，女的对老公便有了失望的情绪。在她眼里，老公在一夜之间，变成了熟悉的陌生人。

在琐碎的日常生活中，她发现老公有很多缺点，令她十分不满意。她万般苦恼，觉得有必要跟老公好好谈一次。她认为，只有不断进行深度的沟通，才能拥有幸福的婚姻。

老公郑重其事，神态严肃，与老婆相对而坐。

女的先发话，她说：“今天我们好好谈一谈，真心实意、心平气和地指出对方的缺点，然后，我们商量如何克服这些缺点。”

老公点头：“你先说吧。”

女人开始唠叨，喋喋不休，把心中积聚的不满抖了出来。她说，你粗心，谈恋爱时你是那么体贴我；她说，你大男子主义，不主动做家务；她说，你丢我自己在家，冷落我，老爱跟朋友出去玩；她说，你不会做饭，即使做了，也很难吃；她说，是的，你洗过衣服，但是，你没用心洗，洗得不干净……

她激动不已，说着说着，突然发觉老公不对劲，她发现老公的眼睛湿了，眼眶盈满泪光。

她本来还有很多话要说，看见老公的泪光，她心软了，她说：“我说完了，轮到你说我，我想知道你不满意我哪些地方，然后，我们一起商量如何改进。”

老公摇着头说：“我对你很满意，真的，我很欣赏你。”

妻子有点不相信自己的耳朵。她想，怎么可能呢，我没缺点？

老公继续说：“真的，我对你没什么不满意的，上天既然把你赐给了我，你又那么贤惠，我有什么不满意的，我心存感激还来不及呢，我常想，如果我们有来生，下一辈子我还愿意娶你为妻。”

“可是，我很任性，有点蛮不讲理。”妻子不解地说。

“那是你在撒娇。”老公平静地说。

女人被老公深藏的爱震撼了，感动了，她忽然觉得，自己所做的一切是多么可笑！的眼泪一下子从眼眶里涌出来，扑在老公的怀里，幸福地哭着，又幸福地笑了。她从老公对她深藏在内心里的爱，领略到了婚姻幸福的真谛：记得对方的好。

一个有着诸多不满情绪的女人，一下子感到自己是多么幸福，这种感悟，源于她感受到了一个男人对她的爱。因为她的感悟，使这个本处于多事之秋的家庭，忽然之间，云开了，月朗了，不但挽救了一个处于危机边缘的婚姻，也挽救了自己的爱情。

其实，对于婚姻中的男女来说，如果双方能常常记着对方的好，婚姻就变得再简单不过了，双方不再计较，把重心放在建构和谐家庭上，努力让对方快乐。为了这个追求，所有的问题都可以忽略，这样，婚姻才可以美满地继续下去。

如果夫妻双方经常拿着放大镜寻找对方的缺点，那可坏事了，只拿对方的缺点去跟别人的优点比较，你永远看不到对方身上的优点，这样做，其结局是，如果你不想离婚，那么，不满的情绪将陪伴你一辈子。

不要等到离开他以后，才想起他的好，从现在开始，把他对你的好记在心里。

爱的不仅是优点，还有缺点

婚姻不仅需要双方用心呵护，也需要不断反省自己，从某种意义上来说，婚姻就是一种妥协，对自己妥协，对家人及老公妥协。如果你不妥协，还像婚前那样不控制自己的情绪，顺着自己的性子行事，婚姻破裂就难以避免。

只有经历过婚姻的人才能明白，婚姻其实是一项事业，经营好了可以给人幸福，否则，会让围城中的人备感痛苦。离婚，对任何一方来说，都是生命中一次致命的打击。

小蔓2003年结婚，老公的单位不大理想。小蔓各方面的条件都比老公好。结婚半年以后，夫妻俩几乎每天一小吵，两天一大吵，吵得鸡犬不宁。

其实都是一些鸡毛蒜皮的小事，比如，小蔓烦老公睡觉打呼噜，嫌他不洗碗，看见什么不顺眼就生气……主要是小蔓脾气不好，过于任性。小蔓是独生女，父母离异，由父亲带大，从小父亲对她疼爱有加。结婚后，她觉得老公应该像父亲那样对她好，什么事都让着她。因此，在生活中只要有一点不顺心的事，就跟老公吵。

生了女儿之后，小蔓更嫌老公不懂照顾她，吵架的频率更高，后来，她老公实在受不了，主动提出离婚，一气之下，她同意了。

在办完离婚手续之后，他老公心平气静地跟她说："下

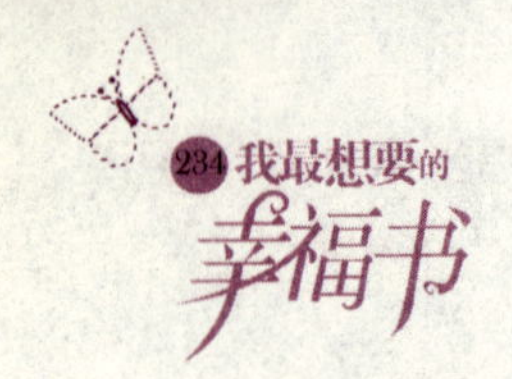

次我若结婚，一定找个脾气好的，就是长得丑，没工作也没关系，我太受不了你的霸道了。”

因为过于任性，只在乎自己的感受，而忽略了对方的感受，只要有一点小事就发火，是小蔓的坏脾气吓跑了她老公。

平心而论，小蔓确实做得过分了，她不明白，婚姻需要用心呵护。两个人走在一起，因为生活习惯、兴趣爱好和脾气性格等差异，难免会有摩擦，如何处理这些摩擦，就需要你用心去经营。

当你沉浸在热恋中时，所有的摩擦都有可能完全被忽略，而当爱情走向婚姻的时候，随着柴米油盐酱醋茶的翻滚，慢慢地，当激情退却时，一切都显得那么不留情面，真实得残酷。

在恋爱时曾被你视为优点的，令你倾心的地方，婚后竟然变成了令你难以容忍的缺点，比如，婚前他大方慷慨，你觉得他有气度；婚后他依然大方慷慨，你认为他不顾家，不为你考虑，等等。

这些，都是吵架的“事由”。你为什么不换个角度想想，再一次欣赏他的大度呢？

你们的婚姻才刚刚开始，你们的爱情依然浓烈，为什么不学会包容、学会迁就？为了你们曾经许下的诺言，彼此都应该学会适应对方，这样婚姻才会长久，幸福和睦。

幸福的婚姻需要精心地浇灌

经营一桩婚姻并不容易，想要婚姻美满、幸福，更需要双方耐心地经营。可以这样说，每一桩婚姻都需经历一段艰难的磨合期，只不过时间有长有短，磨合是必须的，只有磨合好了，方可见到美丽的彩虹；磨合不好，那么双方也只能分道扬镳。

笔者曾采访过很多离婚女士，其中有一位姓方的女士，她不无感叹地说："我已经离过两次婚了，为什么我的婚姻总是失败呢？婚姻真的太让我失望了！"

她说这话的时候，很伤感，她告诉笔者，两次失败的婚姻，对她的打击非常大，从此，她对婚姻及家庭有一种很深刻的挫败感。

方女士第一次结婚时刚满22岁，男的比她大6岁，长得英俊潇洒，他俩第一次见面就撞出火花，认识一个月后就结婚了，一年后，他们的女儿就出生了，可谓闪电结婚。

婚后，两个人渐渐发觉他俩对很多事情的看法都不一样，经常吵架，吵得天昏地暗，不可开交。方女士是个有主见的人，她个人总是认为，她自己对问题的看法才是正确的，一直否定对方的看法。因此，每次在商量事情时，前夫都不愿意接受她的意见，其实主要是不能接受她的态度和她说话的方式。方女士认为，她的想法是对的，他之所以不接受她的建议，是因为面子问题。

在女儿3岁那年，方女士厌倦了这种吵吵闹闹的生活，一气之下提出离婚。前夫很快同意了她的离婚决定。其实，那时她也不是真的想离，只是下不来台，硬着头皮离了。

5年后，方女士又经历了一次婚姻。因为有过第一次失败婚姻的教训，这次她不闪电结婚了，而是相处了一年之后才结婚。然而，第二段婚姻还是以离婚告终，原因还是：他不愿意听我的建议，我们性格不合。

这就让人郁闷了，方女士前后跟两个男人结婚、离婚，离婚的原因相同，难道真的全都是男人的错误吗？难道她自己没有错吗？

也许到现在，她都没好好反省过自己的行为，她相貌不错、工作也比较稳定、对家庭也很忠诚，为什么每个男人都不能和她长久地生活呢？

显然，方女士离婚的原因不是什么性格不合，问题在于她性格过于强硬，在于她想控制自己的男人。但是，由于男人不愿意受她控制，双方就产生了矛盾。

其实，两个人来自不同的家庭，各自受不同家庭环境的影响，势必对问题的看法会有差异，大到人生观、事业观，小到对食品的口味或对物品摆放及对卫生习惯的不同等等。这些差异都可以在相互敬重中相互包容，或求同存异，为什么偏偏按着一个人的想法来处理呢。

所以，所谓的性格不合，都是借口，其深层原因还是不懂得迁就，不懂得包容，缺乏妥协精神。其结果无非是在摩擦中争吵或斗气，最后，本该幸福的两个人成为了最熟悉的陌生人。

part 3

爱和崇拜，将你和他推到幸福的顶峰

男人需要女人的崇拜，这种崇拜不是表面的献媚，而是发自内心的真实感受。崇拜就像催眠一样有着神奇的效果。当你想让你的丈夫成为什么样的人的时候，你就告诉你的丈夫他就是那样的人。他做到一分，你就夸赞他两分，他一定很快就会达到10分的方向。

他今天的成就，皆因有你

在现实生活中，你也许经常看到这种现象，两个女人私谈自己的男人。

一个女人说，我老公要长相没长相，又不会赚钱，唉，我这辈子嫁给他算是瞎眼了！

另一个女人一说起自己的老公，则神飞色舞，神采飞扬，满脸幸福，完全沉醉在对老公的崇拜中；那种陶醉的神

情，令你羡慕，让你妒忌。

第一个女人显然不懂得欣赏老公，只要有一点点怨气，就牢骚满腹，忘记了结婚之前的初衷与承诺。你既然已经嫁给他了，就要好好爱护他，不应该把他诋毁得一无是处。你这样做，无异于出卖自己，也等于出卖自己的婚姻。

第二个女人懂得欣赏男人，也懂得男人的心。若她的男人有什么喜庆事，她一定会迫不及待跟他分享，并适时赞美他。她知道，男人是一只喜欢被人崇拜的动物，若男人感受到了心爱女人的崇拜，就会努力工作，为的是让这个女人开心，生活富足。

俗话说，人无完人，金无足赤，每个男人都会受身材、长相、健康和才华等先天因素的影响；同时，也会受外界一些因而素如房子、车子和钞票等的影响，他的心态和心境也会因此发生变化，如果不如别人就会造成自信心不足，男人若出现这种状态，跟女人的态度有着密切的关系。

可以这样说，男人的进取心、自信心和野心的大小，很大程度上取决于他心爱的女人。一个得到推崇和赞美的男人，通常都会有很强的气场和能量，做起事情来会发挥出前所未有的潜力。

因此，如果你很爱你老公，只要有机会，千万不要吝啬赞美的话语，要适时告诉他你崇拜他，尽管这种崇拜有可能带有一些虚假的成分。如果他真的让你失望了，你也不要做

出一副和他一样失望的情绪。而是说：“既然事情已经这样了，你也不要难过，你的谈判水平还是很高的，谁让我们的资金不够雄厚呢！”如果你老公经常感觉到你对他的崇拜，就会加倍努力，改变自己，不断成长，总有一天，他会成为你想象的那个人。

当然，夸奖老公要有分寸，因事而异，因情绪而定，不能千篇一律。

如果他长得很英俊，你告诉他：“老公，在我眼里你就是最帅的，咱儿子像你就好了。”

如果他身体强壮，你告诉他：“老公你真有男人味，跟你在一起真有安全感！”

如果他才华横溢，你告诉他：“老公，你是我见过的男人中最有魅力的一个，我被你的才华迷住了。”

如果你老公事业有成，你告诉他：“老公，这是你能力的象征，男人像你这样已经很优秀了。”

如果你老公现在还在为生活挣扎，你告诉他：“老公，我爱的是你这个人，我相信你行！因为我们真心相爱，我会给你力量！”等等。

如果你经常赞美你的老公，他心里定会产生一股无穷的勇气，敢于跟困难作斗争，并以战胜困难为乐。到你老公取得成功那天，他会衷心地感谢你，因为你在背后给了他无穷的勇气和力量，因为有你，他才有了今天的成功。

把老公当自己的偶像

今天，众多的歌迷、球迷以及影迷……他们之所以“迷”，是因为在他们心中有自己的崇拜对象，即偶像崇拜。

对偶像的崇拜成为当今年轻人的追求，成为他们对人生远景的诉求。激情外露的年轻人，会通过模仿自己的偶像，宣泄自己的情绪。

很多中学生对“超女”的痴迷之所以到了癫狂的地步，是因为他们给偶像赋予了一种理想化色彩，把自己的愿望寄托在“超女”身上，“超女”的成功无疑满足了他们对愿望的诉求。

崇拜与被崇拜的力量都是巨大的，很多伟大人物之所以伟大，是因为他们被很多人崇拜着，每一个崇拜者都给他一份精神的力量，给他勇气和信心，这股力量足以推动他去完成自己的伟业。

一代诗圣徐志摩，因为他和林徽因那段波澜曲折的爱情，使他刻骨铭心，萦绕在心。即使两个人不在一起，他依然感觉到，林徽因爱他，崇拜他，正是林徽因的爱与崇拜，激发了徐志摩源源不断的创作灵感。可以这样说，是林徽因造就了徐志摩，并把他推上了中国诗坛的顶峰。

正如徐志摩所说：“数十年前我吹着了一阵奇异的风，也许照着了什么奇异的月色，从此我的思想就倾向于分行的

学会做几道拿手菜，在老公外出吃饭的时候，他会说，这道菜不如我老婆做得好。拴住男人靠胃，拴住女人靠睡。男人只有吃饱了，有精力了，才能体会到男人的自尊，家的温暖，女人也能体会到男人对他的爱和内心释放出的幸福！

柔情与“流放”相结合

在所有女人眼里，结婚就该有个家，用著名作家蒋子龙的话说：“家是一个男人的城堡，女人的天堂。劳累了一天的男人，希望回到一个情意融融、轻松、舒适的家。家，便是他身心俱累时休息的港湾。在家里，男人都渴望得到妻子的体贴和抚慰，消除疲劳，恢复体力。而作为妻子的你，就要扮演好妻子、朋友、情人等多种角色，给男人一个温馨的家。”

正因为家有这么多的吸引力，所以，男人和女人都希望拥有一个属于自已的家。

然而，家是有分工的，大事不说，光是柴米油盐酱醋茶就够你累的。家不是一个人的事情，需要两个人共同去管理。

老婆是需要做饭的，但是如果正好赶上老婆心情不好，最近正为单位的事情烦躁，不愿意做家务也懒得做饭了。如果是很聪明的老公就会主动承担起这个任务，如果碰巧你的老公也是个懒惰的人，那么你也就只好用一些计策了。

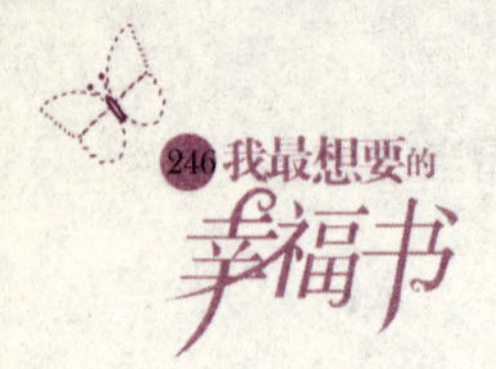

如果你回到家里经常看到老公躺在沙发上，除了面对一大堆杂物外，家里乱七八糟，你肯定会很烦躁，心生怨气。你可以骂老公，但是他可能不仅不会赞同你的想法，甚至会借机跑出去，逃离开来，把乱摊子丢给你一个人。

这个时候你就不能来硬的，要用你的柔情感动男人，让他主动承担起做家务的责任。你的柔情会让那些男人感受不到忧伤，也体会不到孤独感。尤其是对于那些独立思考的男人来说，柔情蜜意更是让他处于一种近乎于催眠的状态，暖融融地融化在你的声音里，甘愿为你做一切。

但是还有一种男人是很贱的男人，他的痛苦根源恰恰来自于妻子的柔情。

没有家的时候男人觉得痛苦，有了家又因为感受不到痛苦而痛苦。况且，这种痛苦不能跟老婆说，说了会伤她的心，于是，男人只好悄悄计划如何"逃避"柔情。

其实，很多男人在婚后都解除不了这种情结，在妻子的悉心关怀和温柔爱抚下，在享受家庭生活的欢乐中，男人的心头蓦然渴望体验一种冒险的生活，或暗地里酝酿着独自远行的计划……男人经常跟心里的冒险冲动作斗争。

这种男人如果长期沉醉在甜蜜的柔情中，那种幸福感和优越感就会麻痹他，使他腐化、软化，退化成一个裹足不前的懦夫，那么，这个男人就完了。

聪明的女人，除了要会利用柔情外，还要懂得在适当的时候放飞男人，因为男人只有在独自走一段路之后，才会感受到人生的沧桑、坎坷和孤独，不再养尊处优，只有在这个时候，老公的心才会系着家，想念妻子，更加珍惜夫妻之间的爱情。

家中有你，男人不寂寞

在一些聚会场合，常听到某些离异的女人感言道："家对一个女人是最重要的。"这句话也许涵盖了女人心目中有关家的全部涵义。

对女人来说，家几乎就是她的一切：老公、孩子；亲情、爱情；幸福、温馨；舒适、快乐；地位、荣誉；悲伤、痛苦……

一个女人不论你是全职"家庭主妇"、上班一族还是女强人，都必须清楚，建立一个温馨的家庭不容易，需要两个人共同努力，经过艰难的磨合，但是若想摧毁一个家庭，简直易如反掌，几句负面的话，就可以把一个家弄得乌烟瘴气，面目全非。

男人忙碌了一天回到家中，能躺在舒适的床上，抱着心爱的女人聊聊天，是最幸福的事情。他们的身心在这个时候能得到全方位的放松。不要以为男人不需要倾诉，男人也喜欢唠叨，也希望有个人能听他说说心里话。但是很多妻子却扮演不好这个角色，往往在男人刚刚要开始的时候，就用一些讥讽的话语打断了男人想要继续说下去的欲望。

一定要给自己的男人一个倾诉的机会，和他们一起分享他们的人生体验和喜怒哀乐，不要让这个家成为名副其实睡觉的地方，家是一个温馨的地方，这里有男人的寄托、男人的依靠和男人奋斗的动力。女人只有洞悉了这些，才能保卫自己的婚姻，让自己的婚姻永远幸福下去。

A happiness book that I want most.

A happiness book that I want most.